概　率　论

GAILÜ LUN

蒋家尚　徐维艳　陈　静　主编

U0396096

苏州大学出版社

图书在版编目(CIP)数据

概率论/蒋家尚,徐维艳,陈静主编. —苏州：
苏州大学出版社,2018.12(2025.1重印)
ISBN 978-7-5672-2529-9

Ⅰ. ①概… Ⅱ. ①蒋… ②徐… ③陈… Ⅲ. ①概率论
－高等学校－教材 Ⅳ. ①O211

中国版本图书馆 CIP 数据核字(2018)第 266176 号

概 率 论

蒋家尚　徐维艳　陈　静　主编

责任编辑　李　娟

苏州大学出版社出版发行

(地址：苏州市十梓街 1 号　邮编：215006)

广东虎彩云印刷有限公司印装

(地址：东莞市虎门镇黄村社区厚虎路20号C幢一楼　邮编：523898)

开本 787 mm×960 mm　1/16　印张 8.75　字数 148 千
2018 年 12 月第 1 版　2025 年 1 月第 2 次印刷
ISBN 978-7-5672-2529-9　定价：24.00 元

苏州大学版图书若有印装错误,本社负责调换
苏州大学出版社营销部　电话：0512-67481020
苏州大学出版社网址　http：//www.sudapress.com

前言

　　本书是编者根据其 20 余年教学实践编写的,着眼于介绍概率论的基本概念、基本理论和基本方法,突出概率论的基本思想和应用背景,强调直观性与准确性.本书的表述大多由具体问题导入,由易到难,由浅到深,脉络清晰,具有较强的可读性.

　　全书分为三部分,第一部分为随机事件及其概率(第 1 章、第 2 章),第二部分为随机变量(第 3 章、第 4 章),第三部分为随机变量的数字特征(第 5 章).本书可作为高等学校理工、农医、经济、管理等各专业有关概率论课程的教材或实际工作者的参考书.书中标"＊"部分为选学内容.

　　本书编写分工如下:第 1 章由蒋家尚执笔,第 2 章、第 5 章由陈静执笔,第 3 章、第 4 章由徐维艳执笔,最后由蒋家尚负责统稿.

　　本书的编写得到了编者所在学校基础学科建设工程(数学)的资助,得到了学校教务处和理学院领导的关心与支持,在此表示衷心感谢! 同时还要感谢为本书出版做了大量工作的苏州大学出版社.

　　尽管编者在编写过程中做了最大的努力,但由于水平有限,时间仓促,书中疏漏与错误在所难免,敬请广大读者指正.

目录

第 1 章
随机事件及其概率

概率论是研究随机现象（偶然现象）的规律性的科学. 20 世纪以来, 它已广泛应用于工业、国防等领域. 本章介绍的随机事件及其概率是概率论中最基本、最重要的概念之一.

§1.1　随机事件

一、随机现象

自然现象和社会现象各种各样. 有一类现象, 称之为**确定现象**, 其特点是在一定的条件下必然发生.

例如, (1) 一枚硬币向上抛出后必然下落;

(2) 一个物体从高 $h(\mathrm{m})$ 处垂直下落, 则经过 $t(\mathrm{s})$ 后该物体必然落到地面, 且当高度 h 一定时, 可由公式

$$h = \frac{1}{2} g t^2 \,(\text{取 } g = 9.8 \text{ m/s}^2)$$

具体计算出该物体落到地面所需的时间 $t = \sqrt{\dfrac{2h}{g}} (\mathrm{s})$.

另一类现象, 称之为**不确定现象**, 其特点是在一定的条件下可能出现这样的结果, 也可能出现那样的结果, 且在试验和观察之前, 不能预知确切的结果.

例如, 向上抛掷一枚硬币, 其落地后可能正面朝上, 也可能反面朝上; 下周的股市可能会上涨, 也可能会下跌; 等等. 因此, 这里的"不确定性"有两方面的含义: 一方面是客观结果的不确定性, 另一方面是主观猜测或判断的不确定性.

二、随机试验

由于随机现象的结果不能预知,初看似乎毫无规律,然而人们发现同一随机现象大量重复出现时,其每种可能的结果出现的频率具有稳定性,从而表明随机现象也有其固有的规律性.人们把随机现象在大量重复出现时所表现出的量的规律性称为随机现象的**统计规律性**.

历史上,研究随机现象统计规律最著名的试验是抛掷硬币的试验.如下表所示是历史上抛掷硬币试验的记录.

表 1-1

试验者	抛掷次数(n)	正面向上次数(r_n)	正面向上频率$\left(\dfrac{r_n}{n}\right)$
德·摩根	2 048	1 061	0.518 1
蒲丰	4 040	2 048	0.506 9
卡尔·皮尔逊	12 000	6 019	0.501 6
卡尔·皮尔逊	24 000	12 012	0.500 5

试验表明:虽然每次抛掷硬币事先都无法准确预知将出现正面向上还是反面向上,但大量重复试验时,发现出现正面向上和反面向上的次数大致相等,即各占总试验次数的比例大致为 0.5,并且随着试验次数的增加,这一比例更加稳定地趋于 0.5.它说明虽然随机现象在少数几次试验或观察中其结果没有什么规律性,但通过长期的观察或大量的重复试验可以看出,试验的结果是有规律可循的,这种规律是随机试验的结果自身所具有的特征.

若要对随机现象的统计规律性进行研究,则需要对随机现象进行重复观察,我们把对随机现象的观察称为**试验**.

例如,观察某射手对固定目标所进行的射击;抛一枚硬币三次,观察出现正面向上的次数;记录某市 120 急救电话一昼夜接到的呼叫次数等,均为试验.上述试验具有以下共同特征:

(1)可重复性:试验可以在相同的条件下重复进行;

(2)可观察性:每次试验的可能结果不止一个,并且能事先明确试验的所有可能结果;

(3)不确定性:每次试验出现的结果事先不能准确预知,但可以肯定会出现上述所有可能结果中的一个.

在概率论中,我们将具有上述三个特征的试验称为**随机试验**,记为 E.

三、样本空间

研究某个随机试验,首先要搞清楚其所有可能的基本结果有哪些.一个随机试验所有可能出现的基本结果所组成的集合,称为随机试验的一个**样本空间**,记为 U(或 Ω).样本空间中的元素称为**样本点**,记为 u(或 ω).

例如,(1)掷一枚均匀硬币,可取样本空间 $\Omega=\{\omega_1,\omega_2\}$,其中 ω_1 表示正面朝上,ω_2 表示反面朝上.

(2)掷一颗均匀骰子,可取样本空间 $\Omega=\{\omega_1,\omega_2,\omega_3,\omega_4,\omega_5,\omega_6\}$,其中 ω_i 表示掷出的点数为 $i(i=1,2,\cdots,6)$.

像上面这样包含有限个样本点的样本空间称为**有限样本空间**.

(3)考查某电话交换台在一天内收到的呼叫次数,其样本空间 $\Omega=\{\omega_0,\omega_1,\omega_2,\cdots\}$,$\omega_i$ 表示收到的呼叫次数 $i(i=0,1,2,\cdots)$.

(4)测量某电器元件的使用寿命 $T(\mathrm{h})$,则其样本空间 $\Omega=[0,+\infty)$.

像(3)和(4)中的样本空间称为**无限样本空间**.

(5)设随机试验为从装有三个白球(记号为 1,2,3)与两个黑球(记号为 4,5)的袋中任取两个球.

① 若观察取出的两个球的颜色,则样本点为 ω_{00}(两个白球),ω_{11}(两个黑球),ω_{01}(一白一黑),于是样本空间为

$$\Omega=\{\omega_{00},\omega_{11},\omega_{01}\};$$

② 若观察取出的两个球的号码,则样本点为 ω_{ij}(取出第 i 号与第 j 号球),$1\leqslant i<j\leqslant 5$,于是样本空间有 $C_5^2=10$ 个样本点,样本空间为

$$\Omega=\{\omega_{ij}\mid 1\leqslant i<j\leqslant 5\}.$$

注　上面(5)说明,对于同一随机试验,试验的样本点与样本空间是根据要观察的内容来确定的.

四、随机事件

在随机试验中,可能出现,也可能不出现的事件叫**随机事件**,简称为**事件**,通常用 A,B,C 等大写英文字母表示.

例如,在抛掷一颗骰子的试验中,用 A 表示"掷出的点数为偶数"这一事件,则 A 是一个随机事件.

在每次试验中必然出现的事件叫**必然事件**,用字母 U(或 Ω)表示.

例如,在上述抛掷一颗骰子的试验中,"掷出的点数小于 7"是一个必然事件.

在每次试验中,必然不出现的事件叫**不可能事件**,用空集符号 $\varnothing$ 表示.

例如,在上述抛掷一颗骰子的试验中,"掷出的点数为 8"是一个不可能事件.

五、事件间的关系及运算

由定义知,样本空间 U(或 Ω)是随机试验的所有可能结果(样本点)的集合,每个样本点是该集合的一个元素. 一个事件是由具有该事件所要求的特征的那些结果所构成的,所以事件是对应于 U(或 Ω)中具有相应特征的样本点所构成的集合,它是 U(或 Ω)的一个子集. 于是,**任何一个事件都可以用 U(或 Ω)的某个子集表示**.

我们称仅含有一个样本点的事件为**基本事件**,含有两个或两个以上样本点的事件称为**复合事件**. 显然,样本空间 U(或 Ω)作为事件是必然事件,空集 $\varnothing$ 作为事件是不可能事件.

如果没有特别声明,以下叙述中所有事件均是某个给定样本空间 U(或 Ω)中的事件.

1. 包含与相等

若事件 A 的发生必然导致事件 B 的发生,则称事件 A 是事件 B 的**子事件**,记为 $A \subset B$ 或 $B \supset A$. 显然,$\varnothing \subset A \subset U$.

例如,掷一颗均匀骰子,令事件 A 为"掷出的点数 4",事件 B 为"掷出的点数为偶数",则 $A \subset B$.

若 $A \subset B$ 与 $A \supset B$ 同时成立,则称 A 与 B **相等**(或**等价**),记为 $A = B$. 两个相等的事件含有相同的样本点.

2. 并(或和)

称"事件 A 与事件 B 中至少有一个发生"为事件 A 与事件 B 的**并**(或**和**)**事件**,记为 $A \cup B$.

例如,掷一颗均匀骰子,令事件 A 为"掷出的点数小于等于 3",事件 B 为"掷出的点数为偶数",则事件 $A \cup B$ 为"掷出的点数为 $1,2,3,4,6$",即事件"不出现点数为 5".

3. 交(或积)

称"事件 A 与事件 B 同时发生"为事件 A 与事件 B 的**交**(或**积**)**事件**,记作 $A\bigcap B$ 或 AB.

例如,掷两枚均匀的硬币,若事件 A 表示"恰有一个正面朝上",事件 B 表示"恰有两个正面朝上",事件 C 表示"至少有一个正面朝上",则有

$$A\bigcup B=C, AC=A, BC=B, AB=\varnothing.$$

对于任意事件 A,B,有

$$\varnothing\subset A\subset U, A\subset A\bigcup B, B\subset A\bigcup B, AB\subset A, AB\subset B.$$

4. 互斥(或互不相容)

若两事件 A,B 不可能同时发生,即 $AB=\varnothing$,则称 A 和 B 是**互斥**的(或**互不相容**的).

例如,掷一颗均匀骰子,事件 A 表示"掷出的点数为 3",事件 B 表示"掷出偶数点",则显然 $AB=\varnothing$,即 A 和 B 是互斥的.

5. 差

称"事件 A 发生而事件 B 不发生"为事件 A 与事件 B 的**差事件**,记为 $A-B$.

6. 对立事件

设 A 为任一事件,称 $U-A$ 为 A 的**对立事件**(或 A 的**余事件**),记作 $\overline{A}$,即 $\overline{A}=U-A$.

例如,掷一颗均匀骰子,若事件 A 为"掷出点数为偶数",则事件 $\overline{A}$ 为"掷出点数为奇数".

显然,在一次试验中,A 与 $\overline{A}$ 必然有一个发生且仅有一个发生,即 $A\bigcup\overline{A}=U, A\bigcap\overline{A}=\varnothing$. 显然 $\overline{\overline{A}}=A$,即 A 也是 $\overline{A}$ 的对立事件.

利用对立事件的概念,我们可将差事件表示为

$$A-B=A-AB=A\overline{B}.$$

事件的关系与运算可用以下维恩(Venn)图表示(图 1-1):

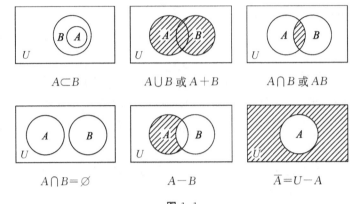

$$A \subset B \qquad A \cup B \text{ 或 } A + B \qquad A \cap B \text{ 或 } AB$$

$$A \cap B = \varnothing \qquad A - B \qquad \overline{A} = U - A$$

图 1-1

7. n 个事件的关系与运算

设 $A_1, A_2, \cdots, A_n$ 是 n 个随机事件,则

(1) 称"事件 $A_1, A_2, \cdots, A_n$ 中至少有一个发生"为事件 $A_1, A_2, \cdots, A_n$ 的**并事件**,记为 $\bigcup\limits_{i=1}^{n} A_i$;

(2) 称"事件 $A_1, A_2, \cdots, A_n$ 同时发生"为事件 $A_1, A_2, \cdots, A_n$ 的**交(或积)事件**,记为 $\bigcap\limits_{i=1}^{n} A_i$;

(3) 若 n 个事件 $A_1, A_2, \cdots, A_n$ 中任意两个事件都不可能同时发生,即

$$A_i A_j = \varnothing, \ i \neq j, i, j = 1, 2, \cdots, n,$$

则称事件 $A_1, A_2, \cdots, A_n$ 是**两两互斥**的.

8. 事件的运算律

(1) 交换律:$A \cup B = B \cup A, AB = BA.$

(2) 结合律:$(A \cup B) \cup C = A \cup (B \cup C), (AB)C = A(BC).$

(3) 分配律:$(A \cup B)C = (AC) \cup (BC), (AB) \cup C = (A \cup C)(B \cup C).$

(4) 德·摩根律:$\overline{A \cup B} = \overline{A}\,\overline{B}, \overline{AB} = \overline{A} \cup \overline{B}.$

注 上述各运算可推广到有限个事件的情形. 例如,对于 n 个事件,德·摩根律也成立,即 $\overline{\bigcup\limits_{i=1}^{n} A_i} = \bigcap\limits_{i=1}^{n} \overline{A_i}, \ \overline{\bigcap\limits_{i=1}^{n} A_i} = \bigcup\limits_{i=1}^{n} \overline{A_i}.$

例 1 甲、乙、丙三人各射一次靶,记事件 A 为"甲中靶",事件 B 为"乙中靶",事件 C 为"丙中靶",则

(1) 事件"甲未中靶"可表示成 $\overline{A}$;

（2）事件"甲中靶而乙未中靶"可表示成 $A\bar{B}$；

（3）事件"三人中恰有一人中靶"可表示成 $A\bar{B}\bar{C}\cup\bar{A}B\bar{C}\cup\bar{A}\bar{B}C$；

（4）事件"三人中至少有一人中靶"可表示成 $A\cup B\cup C$ 或 $\overline{\bar{A}\bar{B}\bar{C}}$；

（5）事件"三人中至少有一人未中靶"可表示成 $\bar{A}\cup\bar{B}\cup\bar{C}$ 或 $\overline{ABC}$；

（6）事件"三人中恰有两个人中靶"可表示成 $AB\bar{C}\cup A\bar{B}C\cup\bar{A}BC$；

（7）事件"三人中至少有两个人中靶"可表示成 $AB\cup AC\cup BC$；

（8）事件"三人均未中靶"可表示成 $\bar{A}\bar{B}\bar{C}$.

注　用其他事件的运算来表示一个事件,方法往往不唯一,读者应学会用不同方法表达同一事件.特别是在解决具体问题时,往往要根据需要选择一种恰当的表示方法.

例 2　某城市的供水系统由甲、乙两个水源与 $1,2,3$ 三部分管道组成（如图 1-2）,每个水源都足以供应城市的用水.

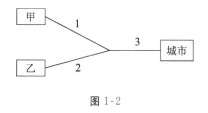

图 1-2

设事件 $A_i=\{$第 i 号管道正常工作$\}(i=1,2,3)$,于是,事件"城市能正常供水"可表示为 $(A_1\cup A_2)\bigcap A_3$,"城市断水"这一事件可表示为

$$\overline{(A_1\cup A_2)\bigcap A_3}=\overline{A_1\cup A_2}\cup\overline{A_3}=(\overline{A_1}\cup\overline{A_3})\bigcap(\overline{A_2}\cup\overline{A_3}).$$

§1.2　随机事件的概率

除必然事件和不可能事件外,任一事件在一次试验中可能发生,也可能不发生.我们希望知道某些事件在一次试验中发生的可能性的大小.例如,商业保险机构为获得较大利润,就必须研究个别意外事件发生的可能性的大小,由此计算保险费和赔偿费.为此,本节首先引入频率的概念,它描述了事件发生的频繁程度,进而引出表征事件在一次试验中发生的可能性大小——概率.

一、频率与概率

定义 1　在相同的条件下进行了 n 次试验,若事件 A 在这 n 次重复试验中出现了 n_A 次,则称比值 $\frac{n_A}{n}$ 为事件 A 发生的**频率**,记为 $f_n(A)$,即

$$f_n(A) = \frac{n_A}{n}.$$

由定义可知,频率具有如下性质:

(1) 非负性: $f_n(A) \geqslant 0$;

(2) 规范性: $f_n(U) = 1$;

(3) 有限可加性:若 $A_1, A_2, \cdots, A_k$ 是一组两两互不相容的事件,则

$$f_n\left(\bigcup_{i=1}^{k} A_i\right) = \sum_{i=1}^{k} f_n(A_i).$$

显然,频率 $f_n(A)$ 的大小表明了在 n 次试验中事件 A 发生的频繁程度. 频率越大,事件 A 发生的频繁程度越大,即 A 在一次试验中发生的可能性就越大;反之,亦然. 因此,直观的想法是用频率来描述概率.

具体分析一下表 1-1 中给出的抛硬币的试验结果,发现这样的想法可行. 若记 $A =$ "出现正面向上",由表 1-1 知:当 $n = 4\,040$ 时,$f_n(A) = 0.506\,9$;当 $n = 24\,000$ 时,$f_n(A) = 0.500\,5$. 这表明当 n 不同时,得到的 $f_n(A)$ 常常会不一样. 甚至根据实际经验,即使对同样的 n,当投掷时间、地点和人不一样时,也会得到不同的 $f_n(A)$. 这表明频率具有一定的**随机波动性**. 但从表 1-1 又可以看到,随着试验次数 n 的增大,$f_n(A)$ 总是在 0.5 上下波动,且逐渐稳定于 0.5,这表明频率具有所谓的**稳定性**. 频率具有稳定性的事实说明了刻画随机事件 A 发生的可能性大小的数——概率的客观存在性.

从上面的讨论中得到启发,就可以给出表示任一事件 A 发生的可能性大小的概率的定义.

定义 2(概率的统计定义)　当试验次数 n 逐渐增大时,事件 A 发生的频率 $f_n(A) = \frac{n_A}{n}$ 总能稳定在确定的数值 P 附近摆动,则称 P 为事件 A 发生的概率,记为 $P(A)$.

定义 3(概率的公理化定义)　设 E 是随机试验,U 是它的样本空间,对 E 的每个事件 A 赋一个实数,记为 $P(A)$,若 $P(\cdot)$ 满足下列三个条件:

（1）非负性：对每个事件 A，有 $P(A)\geqslant0$；

（2）完备性：$P(U)=1$；

（3）可列可加性：设 $A_1,A_2,\cdots$ 是两两互不相容的事件，则有

$$P\left(\bigcup_{i=1}^{\infty}A_i\right)=\sum_{i=1}^{\infty}P(A_i),$$

并称 $P(A)$ 为事件 A 的概率.

注　若事件 $A_1,A_2,\cdots,A_n$ 两两互不相容，且 $\bigcup_{i=1}^{n}A_i=U$，则称 $A_1,A_2,\cdots,A_n$ 为完备事件组.

二、概率的性质

由概率的定义，不难推出概率的一些性质.

性质 1　$P(\varnothing)=0$.

性质 2（有限可加性）　若事件 $A_1,A_2,\cdots,A_n$ 两两互不相容，则

$$P(A_1\bigcup A_2\bigcup\cdots\bigcup A_n)=P(A_1)+P(A_2)+\cdots+P(A_n).$$

性质 3　若事件 A,B 满足 $A\subset B$，则有

$$P(B-A)=P(B)-P(A),$$

$$P(B)\geqslant P(A).$$

性质 4　对任一事件 A，有

$$P(A)\leqslant1.$$

性质 5　对任一事件 A，有

$$P(\overline{A})=1-P(A).$$

性质 6（加法公式）　对任意事件 A,B，有

$$P(A\bigcup B)=P(A)+P(B)-P(AB).$$

性质 1—4 的证明留给读者，这里仅给出性质 5、性质 6 的证明.

证（性质 5）　因为 $A\bigcup\overline{A}=U$，且 $A\overline{A}=\varnothing$，由性质 2 可得

$$1=P(U)=P(A\bigcup\overline{A})=P(A)+P(\overline{A}),$$

故

$$P(\overline{A})=1-P(A).$$

（性质 6）　因为 $A\bigcup B=A\bigcup(B-AB)$，且 $A\bigcap(B-AB)=\varnothing$，$AB\subset B$，故由性质 2 和性质 3 得

$$P(A \cup B) = P(A) + P(B - AB) = P(A) + P(B) - P(AB).$$

注　性质 6 可推广到 n 个事件并的情形,如 $n=3$ 时,有

$$P(A \cup B \cup C) = P(A) + P(B) + P(C) - P(AB) - P(BC) - P(AC) + P(ABC).$$

一般地,对任意 n 个事件 $A_1, A_2, \cdots, A_n$,有

$$P\left(\bigcup_{i=1}^{n} A_i\right) = \sum_{i=1}^{n} P(A_i) - \sum_{1 \leqslant i < j \leqslant n} P(A_i A_j) +$$

$$\sum_{1 \leqslant i < j < k \leqslant n} P(A_i A_j A_k) + \cdots + (-1)^{n-1} P(A_1 A_2 \cdots A_n).$$

特别地,若 $A_1, A_2, \cdots, A_n, \cdots$ 为完备事件组,则 $\displaystyle\sum_i P(A_i) = 1$.

例 1　设 A, B 为两个事件,且设 $P(B) = 0.3, P(A \cup B) = 0.6$,求 $P(A\bar{B})$.

解　因为 $\qquad P(A\bar{B}) = P[A(U-B)] = P(A-AB) = P(A) - P(AB)$,

而 $\qquad\qquad\qquad P(A \cup B) = P(A) + P(B) - P(AB)$,

所以 $\qquad\qquad P(A \cup B) - P(B) = P(A) - P(AB)$,

于是 $\qquad\qquad P(A\bar{B}) = P(A \cup B) - P(B) = 0.6 - 0.3 = 0.3$.

例 2　某城市发行 A,B 两种报纸,经调查,在订阅这两种报纸的用户中,订阅 A 报纸的有 45%,订阅 B 报纸的有 35%,同时订阅 A,B 两种报纸的有 10%,求只订一种报纸的概率 α.

解　记事件 A 为"订阅 A 报",B 为"订阅 B 报",则事件"只订一种报纸"为 $(A-B) \cup (B-A) = A\bar{B} \cup B\bar{A}$,又 $A\bar{B}$ 与 $B\bar{A}$ 这两个事件是互不相容的,由概率的性质知

$$\alpha = P(A\bar{B}) + P(B\bar{A}) = P(A-AB) + P(B-AB)$$

$$= P(A) - P(AB) + P(B) - P(AB)$$

$$= 0.45 - 0.1 + 0.35 - 0.1 = 0.6.$$

三、古典概型(等可能概型)

在前面讨论的随机试验的例子中,有一些具有如下两个特征:

(1) 随机试验只有有限个可能的结果,即

$$U = \{\omega_1, \omega_2, \cdots, \omega_n\};$$

(2) 每一个结果发生的可能性大小相同,即

$$P(\{\omega_1\}) = P(\{\omega_2\}) = \cdots = P(\{\omega_n\}).$$

具有以上两个特征的随机试验称为**古典概型**,也称为**等可能概型**.

设试验是古典概型,由于基本事件两两互不相容,因此

$$1 = P(U) = P\left(\bigcup_{i=1}^{n} \{\omega_i\}\right) = \sum_{i=1}^{n} P(\{\omega_i\}) = nP(\{\omega_i\}),$$

从而
$$P(\{\omega_i\}) = \frac{1}{n} \ (i = 1, 2, \cdots, n).$$

若事件 A 含有 k 个基本事件,即 $A = \{\omega_{i_1}\} \bigcup \{\omega_{i_2}\} \bigcup \cdots \bigcup \{\omega_{i_k}\}$,这里 i_1,$i_2, \cdots, i_k$ 是 $1, 2, \cdots, n$ 中某 k 个不同的数,则有

$$P(A) = \sum_{j=1}^{k} P(\{\omega_{i_j}\}) = \frac{k}{n} = \frac{A \text{ 包含的基本事件数}}{U \text{ 中基本事件总数}}.$$

称此概率为**古典概率**.这种确定概率的方法称为古典方法,这就把求古典概率的问题转化为基本事件的计数问题.

例 3　有 100 件产品,其中 5 件是次品,现在从这些产品中任取 1 件检验,求取到的恰为正品的概率.

解　设事件 A 为"抽检的 1 件恰为正品",这里 $n = 100$,$k = 100 - 5 = 95$,所以

$$P(A) = \frac{95}{100} = 0.95.$$

例 4　在上例中,如果任意抽检 3 件,求 3 件全是正品的概率.

解　设事件 A 为"抽检的 3 件都为正品",这里 $n = C_{100}^3$,而 $k = C_{95}^3$,所以

$$P(A) = \frac{C_{95}^3}{C_{100}^3} \approx 0.856\,0.$$

注　在古典概率问题中,一般要用到排列组合的知识,这里简单介绍几个排列组合公式.

C_n^m 表示在 n 个元素中任意取 m 个元素的方法数;A_n^m 表示在 n 个元素中任意取 m 个元素,再将这 m 个元素排成一列的方法数.我们有

$$C_n^m = \frac{n!}{m!(n-m)!}, \quad A_n^m = \frac{n!}{(n-m)!}.$$

例 5　将 3 个球随机放入 4 个杯子中,问杯子中球的个数最多为 1,2,3 的概率分别是多少?

解　设事件 A, B, C 分别表示杯子中球的个数最多为 1,2,3,我们认为球是

可以区分的,于是,放球的所有可能结果数为 $n=4^3$.

（1）事件 A 所含的基本事件数,即是从 4 个杯子中任选 3 个杯子,每个杯子放入一个球,杯子的选法为 C_4^3 种,球的放法有 3!种,故

$$P(A)=\frac{C_4^3 \cdot 3!}{4^3}=\frac{3}{8};$$

（2）由于一共就只有 3 个球,所以事件 C,即 3 个球放在同一个杯子中,共有 4 种放法,故

$$P(C)=\frac{4}{4^3}=\frac{1}{16};$$

（3）由于 3 个球放在 4 个杯子中的各种可能放法为事件
$$A\cup B\cup C,$$
显然 $A\cup B\cup C=U$,且 A,B,C 互不相容,故

$$P(B)=1-P(A)-P(C)=\frac{9}{16}.$$

例 6　某班级里有 n 位同学,这里 $n\leqslant365$,试求他们的生日都不相同的概率(一年按 365 天计).

解　设事件 A 为"n 个人生日都不相同". 因为每个人都是在 365 天中某一天过生日的,故有 365 种情形,n 个人共有 365^n 种情形,即样本点总数为 365^n.

在考虑事件 A 包含的基本事件数时,可以这样分析:若第一个人确定某一天过生日,则第二个人可在余下的 364 天中任一天过生日,有 364 种情形. 依次类推,这样事件 A 包含的基本事件数为 $365\times364\times\cdots\times(365-n+1)=A_{365}^n$,故

$$P(A)=\frac{A_{365}^n}{365^n}=\frac{365!}{365^n\times(365-n)!}.$$

经计算可得

n	20	30	40	50	60	100
$P(A)$	0.589	0.294	0.109	0.030	0.005 9	0.000 000 3

从上表可以看出,在 50 个人的班级里,生日全不同的概率只有 3%.

例 7*　设有 n 件产品,其中有 r 件次品,今从中任取 m 件,试问其中恰有 k(这里 $k=1,2,\cdots,r$)件次品的概率是多少?

解　这里每次取一件产品,取出后不再放回,因此所有可能的取法有 C_n^m 种,每一种取法就是一个样本点.而在 r 件次品中取 k 件,所有可能的取法有 C_r^k 种;其余的 $m-k$ 件正品在 $n-r$ 件中取得,有 C_{n-r}^{m-k} 种取法.因此,由乘法原理,任取 m 件,其中恰有 k 件次品的取法有 $C_r^k C_{n-r}^{m-k}$ 种.故所求的概率为

$$P = \frac{C_r^k C_{n-r}^{m-k}}{C_n^m}.$$

上式称为**超几何分布**的概率公式.

四、几何概型

古典概型是试验的结果为有限种且每种结果出现的可能性相同的概率模型.古典概型的一个直接的推广是:保留等可能性,而允许试验的所有可能结果为直线上的某一段、平面上的某一区域或空间中的某一立体等具有无限多个结果的情形,称具有这种性质的试验模型为**几何概型**.

设样本空间 U 是平面上某个区域,它的面积记为 $\mu(U)$.

向区域 U 内随机投掷一点,这里"随机投掷一点"的含义是指该点落入 U 内任何部分区域内的可能性只与区域 A 的面积 $\mu(A)$ 成比例,而与区域 A 的位置和形状无关,如图 1-3 所示.向区域 U 内随机投掷一点,该点落在区域 A 的事件仍记为 A,则 A 的概率为 $P(A) = \lambda\mu(A)$,其中 λ 为常数.而 $P(U) = \lambda\mu(U) = 1$,于是,得

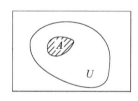

图 1-3

$\lambda = \dfrac{1}{\mu(U)}$.从而事件 A 的概率为

$$P(A) = \frac{\mu(A)}{\mu(U)}.$$

注　若样本空间 U 为某一线段或某一空间立体,则向 U 内"投点"的相应概率仍可用上式计算,但 $\mu(\cdot)$ 应理解为长度或体积.

例 8　某人午觉醒来,发现表停了,他打开收音机,想听电台报时,设电台每正点时报时一次,求他等待时间短于 10 min 的概率.

解　以"min"为单位,记上一次报时时刻为 0,则下一次报时时刻为 60.于是,这个人打开收音机的时间必在 $(0,60)$ 内.记"等待时间短于 10 min"为事件 A,则有

$$U=(0,60), A=(50,60) \subset U,$$

于是
$$P(A)=\frac{10}{60}=\frac{1}{6}.$$

例 9 （会面问题） 甲、乙两人相约在 7 点到 8 点之间在某地会面,先到者等候另一人 20 min,过时就离开. 如果每个人可在指定的一小时内任意时刻到达,试计算两人能够会面的概率.

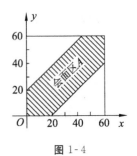

图 1-4

解 记 7 点为计算时刻的 0 时,以"min"为单位,x, y 分别记甲、乙到达指定地点的时刻,则样本空间为
$$U=\{(x,y) \mid 0 \leqslant x \leqslant 60, 0 \leqslant y \leqslant 60\}.$$

以 A 表示事件"两人能会面",如图 1-4,则显然有
$$A=\{(x,y) \mid (x,y) \in U, |x-y| \leqslant 20\}.$$

根据题意,这是一个几何概型问题,于是
$$P(A)=\frac{\mu(A)}{\mu(U)}=\frac{60^2-40^2}{60^2}=\frac{5}{9}.$$

 习 题 1

1. 用集合的形式表示下列随机试验的样本空间与随机事件 A:

(1) 抛一颗骰子,观察向上一面的点数,事件 A 表示"出现偶数点";

(2) 对目标进行射击,击中后停止射击,观察射击的次数,事件 A 表示"射击次数不超过 5 次";

(3) 用 T_0, T_1 表示某地最低、最高温度限,x, y 表示一昼夜内该地可能出现的最低和最高温度,记录一昼夜该地的最高温度和最低温度,事件 A 表示"一昼夜内该地的温差为 10℃".

2. 一个工人生产了三个零件,用 A, B, C 分别表示他生产的第一、二、三个零件是正品的事件,试用 A, B, C 表示下列事件:

(1) 第一个零件是次品;

(2) 只有第一个零件是正品;

(3) 三个零件中至少有一个正品;

（4）第一个零件是次品，但后两个零件中至少有一个正品；

（5）三个零件中最多有两个正品；

（6）三个零件都是次品；

（7）三个零件中只有一个正品.

3. 两个事件互不相容与两个事件对立有何区别？举例说明.

4. 设 A 和 B 是任意两个事件，化简下列两式：

（1）$(A\cup B)(A\cup \overline{B})(\overline{A}\cup B)(\overline{A}\cup \overline{B})$；（2）$AB\cup \overline{A}B\cup A\overline{B}\cup \overline{A}\overline{B}-\overline{AB}$.

5. 设 $P(A)=0.1,P(A\cup B)=0.3$，且 A 与 B 互不相容，求 $P(B)$.

6. 已知 $P(A)=P(B)=P(C)=\dfrac{1}{4},P(AC)=P(BC)=\dfrac{1}{16},P(AB)=0$，求事件 A,B,C 全不发生的概率.

7. 设 A,B 是任意两个事件，证明：$P(A-B)=P(A)-P(AB)$.

8. 书架上有一部共五册的文集，求各册自左至右或自右至左排成自然顺序的概率.

9. 10 把钥匙中有 3 把能打开门，今任取 2 把，求能打开门的概率.

10. 从一批由 45 件正品、5 件次品组成的产品中任取 3 件产品，求其中恰有 1 件次品的概率.

11. n 个朋友随机围绕圆桌就座，求其中 2 个人一定坐在一起（即座位相邻）的概率.

12. 某油漆公司发出 17 桶油漆，其中白漆 10 桶、黑漆 4 桶、红漆 3 桶，假设在搬运过程中所有标签脱落，交货人随机地将这些油漆发给顾客，问一个订货 4 桶白漆、3 桶黑漆和 2 桶红漆的顾客，能按所订颜色如数得到订货的概率是多少？

13. 从 5 双不同的鞋中任取 4 只，问这 4 只鞋子中至少能配成一对的概率是多少？

14. 某专业研究生复试时，有 3 张考签，3 个考生应试，一个人抽一张考签后将考签立即放回，再由另一个人抽，如此 3 个人各抽一次，求抽签结束后，至少有一张考签没有被抽到的概率.

15. 某人外出旅游两天，据天气预报，第一天下雨的概率是 0.6，第二天下雨的概率是 0.3，两天都下雨的概率是 0.1. 试求：

（1）第一天下雨而第二天不下雨的概率；

（2）第一天不下雨而第二天下雨的概率；

（3）至少有一天下雨的概率；

（4）两天都不下雨的概率；

（5）至少有一天不下雨的概率.

16. 设事件 A,B 互不相容，$P(A)=p$，$P(B)=q$，试求：（1）$P(A\bigcup B)$；（2）$P(AB)$；（3）$P(A\bigcup\overline{B})$；（4）$P(A\bigcap\overline{B})$；（5）$P(\overline{A}\bigcap\overline{B})$.

17. 任意取两个不大于 1 的正数，试求其和大于 1，且积不大于 $\dfrac{2}{9}$ 的概率.

18. 设 A,B,C 是三个随机事件，已知 $P(A)=P(B)=P(C)=\dfrac{1}{3}$，$P(AB)=P(BC)=P(CA)=\dfrac{1}{9}$，$P(ABC)=\dfrac{1}{27}$. 求：

（1）A,B,C 中至少有一个发生的事件 X 的概率；

（2）A,B,C 中至少有两个发生的事件 Y 的概率；

（3）A,B,C 中只有一个发生的事件 Z 的概率.

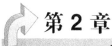

第2章
条件概率 事件的独立性

§2.1 条件概率

一、条件概率的概念

引例 一批同型号产品由甲、乙两厂生产,产品结构如下表(单位:件):

	甲厂	乙厂	合计
合格	475	644	1 119
次品	25	56	81
合计	500	700	1 200

从这批产品中随意地取一件,则这件产品为次品的概率为

$$\frac{81}{1\ 200} = 0.067\ 5.$$

现假设被告知取出的产品是甲厂生产的,那么这件产品为次品的概率又有多大呢? 当我们被告知取出的产品为甲厂生产时,所求即为从甲厂所有 500 件产品中任意取一件,这件产品为次品的概率. 由于甲厂生产的 500 件产品中有 25 件次品,所以这件取自甲厂的产品为次品的概率为

$$\frac{25}{500} = 0.05.$$

记"取出的产品是甲厂生产的"这一事件为 A,"取出的产品为次品"这一事件为 B,在事件 A 发生的条件下,求事件 B 发生的概率,这就是条件概率,记作

$$P(B|A).$$

在引例中,注意到

$$P(B|A)=\frac{25}{500}=\frac{\dfrac{25}{1\ 200}}{\dfrac{500}{1\ 200}}=\frac{P(AB)}{P(A)}.$$

事实上,易知对一般的古典概型,只要 $P(A)>0$,总有

$$P(B|A)=\frac{P(AB)}{P(A)}.$$

在几何概型中,以平面区域情形为例,在平面上的有界区域 U 内等可能投点(如图 2-1),若已知 A 发生,则 B 发生的概率为

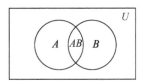

图 2-1

$$P(B|A)=\frac{\mu(AB)}{\mu(A)}=\frac{\dfrac{\mu(AB)}{\mu(U)}}{\dfrac{\mu(A)}{\mu(U)}}=\frac{P(AB)}{P(A)}.$$

可见,在古典概型和几何概型这两类"等可能"概率模型中,总有

$$P(B|A)=\frac{P(AB)}{P(A)}.$$

下面,我们在一般的概率模型中引入条件概率的定义.

二、条件概率的定义

定义　设 A,B 是两个随机事件,且 $P(A)>0$,则称

$$P(B|A)=\frac{P(AB)}{P(A)} \tag{1}$$

为在事件 A 发生的条件下事件 B 发生的**条件概率**.

注 (1) $P(B)$ 表示"B 发生"这个随机事件的概率,而 $P(B|A)$ 表示"A 发生的条件下事件 B 发生"的概率.

(2) 计算 $P(B)$ 时,是在整个样本空间 U 上考察 B 发生的概率;而计算 $P(B|A)$ 时,实际上是仅局限于在 A 事件发生的范围内来考察 B 事件发生的概率,相当于是在"缩减"的样本空间 A 中考察事件 B 的概率.一般地,$P(B|A)\neq P(B)$.

由概率的性质可知,条件概率具有如下性质:

设 A 是一事件,且 $P(A)>0$,则

（1）对任一事件 B,$0 \leqslant P(B|A) \leqslant 1$;

（2）$P(U|A)=1$;

（3）设 $A_1,A_2,\cdots,A_n$ 互不相容,则

$$P(A_1 \bigcup A_2 \bigcup \cdots \bigcup A_n | A) = P(A_1|A) + P(A_2|A) + \cdots + P(A_n|A).$$

此外,前面所证概率的其他性质都适用于条件概率.

例 1　一个袋子中装有 10 个球,其中 3 个黑球、7 个白球,先后两次从袋中各取一球(不放回).

（1）已知第一次取出的是黑球,求第二次取出的仍是黑球的概率;

（2）已知第二次取出的是黑球,求第一次取出的也是黑球的概率.

解　记 A_i 为事件"第 i 次取到的是黑球"($i=1,2$).

（1）已知 A_1 发生,即在第一次取到的是黑球的条件下,第二次取球就在剩下的 2 个黑球、7 个白球共 9 个球中任取一个,根据古典概率的性质,第二次取得黑球的概率为 $\dfrac{2}{9}$,即有

$$P(A_2|A_1) = \frac{2}{9}.$$

（2）已知 A_2 发生,即在第二次取到的是黑球的条件下,求第一次取到黑球的概率.因为第一次取球发生在第二次取球之前,故问题的结构不像（1）那么直观,我们可按定义计算 $P(A_1|A_2)$.

由 $P(A_1 A_2) = \dfrac{A_3^2}{A_{10}^2} = \dfrac{1}{15}$, $P(A_2) = \dfrac{3}{10}$,可得

$$P(A_1|A_2) = \frac{P(A_1 A_2)}{P(A_2)} = \frac{2}{9}.$$

注　计算条件概率有两种方法:

（1）在样本空间 U 中,先求事件 $P(AB)$ 和 $P(A)$,再按定义计算 $P(B|A)$;

（2）在缩减的样本空间 A 中求事件 B 的概率,就得到 $P(B|A)$.

例 2　袋中有 5 个球,其中 3 个红球、2 个白球,现从袋中不放回地连取两个球,已知第一次取到红球,求第二次取到白球的概率.

解　设 A 表示"第一次取到红球",B 表示"第二次取到白球",求 $P(B|A)$.

方法 1　在缩减的样本空间 A 中求 $P(B|A)$.

A 中的样本点数,即第一次取到红球的取法为 $\mathrm{A}_3^1\mathrm{A}_4^1$,其中,第二次取得白球的取法有 $\mathrm{A}_3^1\mathrm{A}_2^1$ 种,所以

$$P(B|A)=\frac{\mathrm{A}_3^1\mathrm{A}_2^1}{\mathrm{A}_3^1\mathrm{A}_4^1}=\frac{1}{2}.$$

也可以直接计算,因为第一次取走 1 个红球,袋中只剩下 4 个球,其中有 2 个白球,再从中任取 1 个,取得白球的概率为 $\frac{2}{4}$,所以

$$P(B|A)=\frac{2}{4}=\frac{1}{2}.$$

方法 2 利用条件概率的定义.

从 5 个球中不放回地连取两球的取法有 A_5^2 种,其中,第一次取到红球的取法有 $\mathrm{A}_3^1\mathrm{A}_4^1$ 种,第一次取到红球、第二次取到白球的取法有 $\mathrm{A}_3^1\mathrm{A}_2^1$ 种,所以

$$P(A)=\frac{\mathrm{A}_3^1\mathrm{A}_4^1}{\mathrm{A}_5^2}=\frac{3}{5},P(AB)=\frac{\mathrm{A}_3^1\mathrm{A}_2^1}{\mathrm{A}_5^2}=\frac{3}{10}.$$

由条件概率的定义,知

$$P(B|A)=\frac{P(AB)}{P(A)}=\frac{\dfrac{3}{10}}{\dfrac{3}{5}}=\frac{1}{2}.$$

三、乘法公式

由条件概率的定义得到
$$P(AB)=P(A)P(B|A)\ (P(A)>0). \tag{2}$$
由 $AB=BA$ 及 A,B 的对称性可得到
$$P(AB)=P(B)P(A|B)\ (P(B)>0). \tag{3}$$
(2)式和(3)式称为**乘法公式**,利用它们可计算两个事件同时发生的概率.

例 3 一个袋子中装 10 个球,其中 3 个黑球、7 个白球,先后两次从中随意各取一球(不放回),求两次取到的球均为黑球的概率.

分析 这一概率可用求古典概型概率的方法计算,这里我们使用乘法公式来计算.在本题中,问题本身提供了两步完成一个试验的结构,这恰恰与乘法公式的形式相对应.合理地利用问题本身的结构来使用乘法公式,往往是使问题得到简化的关键.

解 设 A_i 表示事件"第 i 次取到的是黑球"$(i=1,2)$,则 $A_1 A_2$ 表示事件"两次取到的均为黑球". 由已知,$P(A_1)=\dfrac{3}{10}$,$P(A_2 \mid A_1)=\dfrac{2}{9}$. 由乘法公式,得

$$P(A_1 A_2) = P(A_1) P(A_2 \mid A_1) = \frac{3}{10} \times \frac{2}{9} = \frac{1}{15}.$$

例 4 一批灯泡共 100 只,其中 10 只是次品,其余为正品,每次取一只,不放回,求第三次才取到正品的概率.

分析 乘法公式(2)和(3)可推广到有限个事件积的概率情形:

设 $A_1, A_2, \cdots, A_n$ 为 n 个事件,且 $P(A_1 A_2 \cdots A_{n-1}) > 0$,则

$$P(A_1 A_2 \cdots A_n) = P(A_1) P(A_2 \mid A_1) P(A_3 \mid A_1 A_2) \cdots P(A_n \mid A_1 A_2 \cdots A_{n-1}). \quad (4)$$

解 设 $A_i = \{i$ 次取到正品$\}$$(i=1,2,3)$,$A = \{$第三次取到正品$\}$,则

$$A = \overline{A_1}\ \overline{A_2} A_3.$$

故

$$P(A) = P(\overline{A_1}\ \overline{A_2} A_3) = P(\overline{A_1}) \cdot P(\overline{A_2} \mid \overline{A_1}) \cdot P(A_3 \mid \overline{A_1}\ \overline{A_2})$$

$$= \frac{10}{100} \times \frac{9}{99} \times \frac{90}{98} \approx 0.008\ 3.$$

所以,第三次才取到正品的概率为 0.008 3.

例 5 (**波利亚罐子模型**) 一个罐子中包含 b 个白球和 r 个红球,随机地取出一个球,观看颜色后放回罐中,并且再加进 c 个与所取出的球具有相同颜色的球,这种操作进行四次,试求第一、二次取得白球且第三、四次取得红球的概率.

解 设 $W_i = \{$第 i 次取出的是白球$\}$$(i=1,2,3,4)$,

$R_j = \{$第 j 次取出的是红球$\}$$(j=1,2,3,4)$,

于是 $W_1 W_2 R_3 R_4$ 表示事件"连续取四个球,第一、二次取得白球,第三、四次取得红球". 由乘法公式,得

$$P(W_1 W_2 R_3 R_4) = P(W_1) P(W_2 \mid W_1) P(R_3 \mid W_1 W_2) P(R_4 \mid W_1 W_2 R_3)$$

$$= \frac{b}{b+r} \cdot \frac{b+c}{b+r+c} \cdot \frac{r}{b+r+2c} \cdot \frac{r+c}{b+r+3c}.$$

注意到当 $c > 0$ 时,由于每次取出球后会增加下一次也取到同色球的概率,所以这是一个传染病模型,每次发现一个传染病患者,都会增加再传染的概率.

§2.2　全概率公式　贝叶斯公式

我们可将加法公式 $P(A+B)=P(A)+P(B)(A,B$ 互斥$)$ 与乘法公式 $P(AB)=P(A)P(B)(P(A)>0)$ 综合使用,得到全概率公式和贝叶斯公式,用来计算复杂事件的概率.

一、全概率公式

全概率公式是概率论中的一个基本公式,它将计算复杂事件的概率问题,转化为在不同情况或不同原因下发生的简单事件的概率的求和问题.

定义　设 n 个事件 $A_1,A_2,\cdots,A_n$ 满足:

(1) 两两互不相容,

(2) $P(A_i)>0(i=1,2,\cdots,n)$,

(3) $\bigcup\limits_{i=1}^{n}A_i=U$(样本空间),

则称事件 $A_1,A_2,\cdots,A_n$ 为**完备事件组**或称其构成样本空间 U 的一个划分.

定理 1　设 $A_1,A_2,\cdots,A_n$ 是一个完备事件组,且 $P(A_i)>0,i=1,2,\cdots,n$,则对任一事件 B,有

$$P(B)=P(A_1)P(B|A_1)+\cdots+P(A_n)P(B|A_n). \tag{1}$$

证　$B=BU=B\cap(\bigcup\limits_{i=1}^{n}A_i)=\bigcup\limits_{i=1}^{n}BA_i$,

由于 $BA_1,BA_2,\cdots,BA_n$ 两两互不相容,由加法公式,得

$$P(B)=P(BA_1+BA_2+\cdots+BA_n)$$
$$=P(BA_1)+P(BA_2)+\cdots+P(BA_n).$$

再将乘法公式

$$P(BA_i)=P(A_i)P(B|A_i)\ (i=1,2,\cdots,n)$$

代入上式,得

$$P(B)=P(A_1)P(B|A_1)+P(A_2)P(B|A_2)+\cdots+P(A_n)P(B|A_n).$$

注　公式(1)指出,在复杂情况下直接计算 $P(B)$ 不易时,可根据具体情况构造一组完备事件 $\{A_i\}(i=1,2,\cdots,n)$,使事件 B 发生的概率是在各事件 A_i 发生的条件下引起事件 B 发生的概率的总和.或理解为:某一事件 B 的发生有各

种可能的原因,假设 B 是由原因 $A_i(i=1,2,\cdots,n)$ 所引起的,则 B 发生的概率是各原因引起 B 发生概率的总和,即全概率公式.

例 1 某地区患有癌症的人占 0.005,患者对一种试验反应是阳性的概率为 0.95,正常人对这种试验反应是阳性的概率为 0.04,现抽查一人,问试验反应为阳性的概率有多大?

解 设 C 为事件"抽查的人患有癌症",A 为事件"试验结果为阳性",则 $\overline{C}$ 为事件"抽查的人没患癌症".

已知 $P(C)=0.005,P(\overline{C})=0.995,P(A|C)=0.95,P(A|\overline{C})=0.04$,则
$$P(A)=P(C)P(A|C)+P(\overline{C})P(A|\overline{C})$$
$$=0.005\times0.95+0.995\times0.04=0.044\,55.$$

例 2 人们为了了解一只股票未来一定时期内价格的变化,往往会分析影响股票价格的基本因素,如利率的变化.现假设,经分析估计利率下调的概率为 60%,利率不变的概率为 40%.根据经验,估计在利率下调的情况下,该只股票价格上涨的概率为 80%;而在利率不变的情况下,其价格上涨的概率为 40%.求该只股票将上涨的概率.

解 记 A 为事件"利率下调",则 $\overline{A}$ 即为"利率不变".记 B 为事件"股票价格上涨".

由已知,$P(A)=0.6,P(\overline{A})=0.4,P(B|A)=0.8,P(B|\overline{A})=0.4$,则
$$P(B)=P(A)P(B|A)+P(\overline{A})P(B|\overline{A})$$
$$=0.6\times0.8+0.4\times0.4=0.64.$$

二、贝叶斯公式

在实际问题中,已知一事件已经发生,要考察引发该事件发生的各种原因或情况的可能性大小,即求条件概率 $P(A_i|B)$ 的问题,这里 $A_1,A_2,\cdots,A_n$ 是样本空间 U 的一个划分,且 $P(A_i)$ 及 $P(B|A_i)(i=1,2,\cdots,n)$ 都可以方便得到.下面的定理就是来解决这种问题的.

定理 2(贝叶斯公式) 设 $A_1,A_2,\cdots,A_n$ 是一完备事件组,则对任一事件 B,$P(B)>0$,有
$$P(A_i|B)=\frac{P(A_iB)}{P(B)}=\frac{P(A_i)P(B|A_i)}{\sum\limits_{j=1}^{n}P(A_j)P(B|A_j)}\ ,i=1,2,\cdots,n. \tag{2}$$

证 对于每个 A_i,由于

$$P(A_i \mid B) = \frac{P(A_iB)}{P(B)} = \frac{P(A_i)P(B \mid A_i)}{P(B)},$$

再将分母 $P(B)$ 用公式(1)代入,即得(2)式.

贝叶斯公式在概率论和数理统计中有多方面的应用,事件 $A_1, A_2, \cdots, A_n$ 常作为研究引起事件 B 发生的各种因素,$P(A_i)$ 一般预先知道,称为**先验概率**;而 $P(A_i \mid B)$ 则用于在事件 B 发生后,判断是由某种因素引起的概率,称为**后验概率**.

例 3 在例 1 的条件下,随机抽查一人,试验反应为阳性,问此人是癌症患者的概率是多少?

解 $$P(C \mid A) = \frac{P(C)P(A \mid C)}{P(A)} = \frac{0.005 \times 0.95}{0.044\ 55} \approx 0.106\ 6.$$

在该例中,患癌症率 $P(C) = 0.005$ 是根据以往统计数据得到的,即所谓的先验概率;某人检验后呈阳性反应,求得他患癌症的概率为 0.106 6,是检验后修正的概率,即后验概率,也就是此人患癌症的确诊率.虽然所求得的概率仅为 10.66%,但远高于平均患癌率 5‰,它能给医生提供治疗的参考依据,还是很有应用价值的.

例 4 8 支步枪中有 5 支已校准、3 支未校准.一名射手用校准过的枪射击时,中靶率为 0.8,用未校准的枪射击时,中靶的概率为 0.3.现从 8 支枪中任取一支用于射击,结果中靶,求所用是校准过的枪的概率.

解 设事件 A_1 为"使用的枪校准过",A_2 为"使用的枪未校准",B 为"射击时中靶",则 A_1, A_2 是 U 的一个划分,且

$$P(A_1) = \frac{5}{8}, P(A_2) = \frac{3}{8}, P(B \mid A_1) = 0.8, P(B \mid A_2) = 0.3.$$

由贝叶斯公式得

$$P(A_1 \mid B) = \frac{P(A_1B)}{P(B)} = \frac{P(A_1)P(B \mid A_1)}{P(A_1)P(B \mid A_1) + P(A_2)P(B \mid A_2)}$$

$$= \frac{\dfrac{5}{8} \times 0.8}{\dfrac{5}{8} \times 0.8 + \dfrac{3}{8} \times 0.3} = \frac{40}{49}.$$

即所用是校准过的枪的概率为 $\dfrac{40}{49}$.

§2.3　事件的独立性　伯努利(Bernoulli)概型

由第一节可知,一般情况下,$P(B) \neq P(B|A)$,亦即事件 A,B 中某个事件发生对另一个事件发生的概率是有影响的.但在许多实际问题中,常会遇到两个事件中任何一个事件发生都不会对另一个事件发生的概率产生影响的情况.此时,$P(B) = P(B|A)$,由乘法公式得

$$P(AB) = P(A)P(B|A) = P(A)P(B).$$

由此引出事件间的相互独立问题.

一、两个事件的独立性

定义 1　若两个事件 A,B 满足

$$P(AB) = P(A)P(B), \tag{1}$$

则称 A,B 独立,或称 A,B 相互独立.

由上述讨论可知:事件 A 与 B 相互独立当且仅当 $P(A) > 0$ 时,$P(B) = P(B|A)$(或 $P(B) > 0$ 时,$P(A) = P(A|B)$).

定理 1　若事件 A 与 B 相互独立,则 A 与 $\overline{B}$,$\overline{A}$ 与 B,$\overline{A}$ 与 $\overline{B}$ 也都分别相互独立.

证　$P(A\overline{B}) = P(A - AB) = P(A) - P(AB)$

$= P(A) - P(A)P(B) = P(A)[1 - P(B)]$

$= P(A)P(\overline{B}).$

类似地,其他两对事件相互独立也可证明.

例 1　从一副不含大、小王的扑克牌中任取一张,记事件 A 为"抽到 K",B 为"抽到的牌是黑色的",问事件 A,B 是否相互独立?

解　**方法 1**　利用定义,由

$$P(A) = \frac{4}{52} = \frac{1}{13}, P(B) = \frac{26}{52} = \frac{1}{2}, P(AB) = \frac{2}{52} = \frac{1}{26},$$

可知

$$P(AB) = P(A)P(B),$$

故事件 A,B 相互独立.

方法 2　利用条件概率,由

$$P(A) = \frac{1}{13}, P(A \mid B) = \frac{2}{26} = \frac{1}{13},$$

得到

$$P(A) = P(A \mid B),$$

故事件 A, B 相互独立.

注　(1) 两事件互不相容与相互独立是完全不同的两个概念,它们分别从两个不同的角度表述了两事件间的某种联系.互不相容是表述在一次随机试验中两事件不能同时发生,而相互独立是表述在一次随机试验中一事件是否发生与另一事件是否发生互无影响.例如,在例 1 中事件 A, B 是相互独立的,但 $AB \neq \varnothing$,故 A 与 B 是相容的.事实上,当 $P(A) > 0, P(B) > 0$ 时,则 A, B 相互独立与 A, B 互不相容不能同时成立.进一步还可证明:若 A 与 B 既相互独立又互不相容,则 A 与 B 至少有一个是零概率事件.

(2) 由例 1 可见,判断事件的独立性,可利用定义或通过计算条件概率来判断.但在实际应用中,常根据问题的实际意义去判断两事件是否独立.例如,甲、乙两人向同一目标射击,甲命中并不影响乙命中的概率,则事件"甲命中"与"乙命中"相互独立.

二、有限个事件的独立性

定义 2　设 A, B, C 为三个事件,若满足等式

$$\begin{cases} P(AB) = P(A)P(B), \\ P(AC) = P(A)P(C), \\ P(BC) = P(B)P(C), \\ P(ABC) = P(A)P(B)P(C), \end{cases} \tag{2}$$

则称事件 A, B, C 相互独立.

对 n 个事件的独立性,可类似地定义:

设 $A_1, A_2, \cdots, A_n$ 是 $n(n > 1)$ 个事件,若对任意 $k(1 < k \leqslant n)$ 个事件 $A_{i_1}, A_{i_2}, \cdots, A_{i_k}(1 \leqslant i_1 < i_2 < \cdots < i_k \leqslant n)$ 均满足

$$P(A_{i_1} A_{i_2} \cdots A_{i_k}) = P(A_{i_1})P(A_{i_2}) \cdots P(A_{i_k}), \tag{3}$$

则称事件 $A_1, A_2, \cdots, A_n$ 相互独立.

注　(3)式包含的等式总数为

$$C_n^2 + C_n^3 + \cdots + C_n^n = (1+1)^n - C_n^1 - C_n^2 = 2^n - n - 1.$$

定义 3 设 $A_1, A_2, \cdots, A_n$ 是 n 个事件,若其中任意两个事件之间均相互独立,则称 $A_1, A_2, \cdots, A_n$ 两两独立.

由此可见,n 个事件相互独立与两两独立,这两个概念是有区别的.

性质 1 若 n 个事件 $A_1, A_2, \cdots, A_n(n>2)$ 相互独立,则其中任意 $k(1<k\leqslant n)$ 个事件也相互独立.

性质 2 若 n 个事件 $A_1, A_2, \cdots, A_n(n\geqslant 2)$ 相互独立,则将其中任意 $m(1\leqslant m\leqslant n)$ 个事件换成它们的对立事件,所得的 m 个事件仍相互独立.

例 2 （系统的稳定性） 如图 2-2 所示是一个串联和并联电路系统,A,B,C,D,E,F,G,H 都是电路中的元件.它们下方的数字是它们各自正常工作的概率,求此电路系统的可靠性.

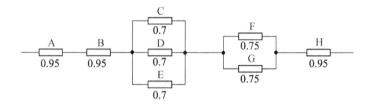

图 2-2

解 以 W 表示电路系统正常工作,事件 A,B,C,D,E,F,G,H 分别表示元件 A,B,C,D,E,F,G,H 正常工作.因各元件独立工作,故有

$$P(W) = P(A)P(B)P(C\cup D\cup E)P(F\cup G)P(H),$$

其中

$$P(C\cup D\cup E) = 1 - P(\overline{C})P(\overline{D})P(\overline{E}) = 0.973,$$

$$P(F\cup G) = 1 - P(\overline{F})P(\overline{G}) = 0.937\ 5,$$

所以

$$P(W) = 0.95 \times 0.95 \times 0.973 \times 0.937\ 5 \times 0.95 \approx 0.782.$$

例 3 三人独立地破译一份密码,已知各人能译出的概率分别为 $\frac{1}{5}, \frac{1}{3}$, $\frac{1}{4}$,问三人中至少有一人能将密码译出的概率是多少?

解 记事件 A_i 为"第 i 个人破译出密码"$(i=1,2,3)$,故能将密码译出的概率为 $P(A_1 \cup A_2 \cup A_3)$.

已知

$$P(A_1)=\frac{1}{5},P(A_2)=\frac{1}{3},P(A_3)=\frac{1}{4},$$

所以 $P(A_1\bigcup A_2\bigcup A_3)=1-P(\overline{A_1\bigcup A_2\bigcup A_3})=1-P(\overline{A_1}\ \overline{A_2}\ \overline{A_3})$

$$=1-P(\overline{A_1})P(\overline{A_2})P(\overline{A_3})=1-\frac{4}{5}\times\frac{2}{3}\times\frac{3}{4}=0.6.$$

三、伯努利(Bernoulli)概型

在实际问题中,经常要在条件相同的情况下重复进行某种试验,如抛硬币、定点投篮等,因为每次试验 E 的结果与其他次试验无关,故称此类试验为**重复独立试验**.

特殊地,若试验 E 只有两个可能的结果,则这种试验称为**伯努利试验**.在条件相同的情况下重复进行的伯努利试验称为 n **重伯努利试验**.

定义 4 若随机试验 E 满足下列条件,则称之为**伯努利概型**:

(1) 试验可重复 n 次;

(2) 每次试验只有两个可能的结果:A 与 $\overline{A}$,且 $P(A)=p,0<p<1$;

(3) 每次试验的结果与其他次试验无关,即这 n 次试验是相互独立的.

定理 2(伯努利定理) 设在一次试验中,事件 A 发生的概率为 $p(0<p<1)$,则在 n 重伯努利试验中,事件 A 恰好发生 k 次的概率为

$$P_n(k)=C_n^k p^k(1-p)^{n-k}(k=0,1,\cdots,n).$$

为了直观起见,先考虑 $n=4$ 的情况,即求 $P_4(k)(k=0,1,2,3,4)$.

(1) 当 $k=0$ 时,$P_4(0)=P(\overline{A}\ \overline{A}\ \overline{A}\ \overline{A})=(1-p)^4$;

(2) 当 $k=1$ 时,$P_4(1)=C_4^1 p(1-p)^{4-1}$;

(3) 当 $k=2$ 时,$AA\overline{A}\ \overline{A},A\overline{A}A\ \overline{A},\cdots,$共有 C_4^2 个,所以

$$P_4(2)=C_4^2 p^2(1-p)^{4-2}.$$

故依此类推,有

$$P_4(k)=C_4^k p^k(1-p)^{4-k}(k=0,1,2,3,4).$$

一般地,有

$$P_n(k)=C_n^k p^k(1-p)^{n-k}(k=0,1,\cdots,n). \tag{4}$$

(4)式称为**二项概率公式**.

例 4 8门炮同时独立地向同一目标各射击一发炮弹,若有不少于 2 发

炮弹命中目标,目标就被击毁.如果每门炮命中目标的概率为 0.6,求目标被击毁的概率.

解　设"一门炮击中目标"为事件 A,"目标被击中"为事件 B,则
$$P(A)=0.6,$$
$$P(B)=\sum_{k=2}^{8}C_8^k \cdot (0.6)^k \cdot (1-0.6)^{8-k}$$
$$=1-\sum_{k=0}^{1}C_8^k \cdot (0.6)^k \cdot (0.4)^{8-k}$$
$$=0.991\ 4.$$

例 5　一条自动生产线生产的产品,其次品率为 4%.

(1) 从中任取 10 件,求至少有 2 件次品的概率;

(2) 一次取 1 件,无放回地抽取,求当取到第 2 件次品时,之前已取到 8 件正品的概率.

分析　由于一条自动生产线生产的产品很多,当抽取的件数相对较少时,可将无放回抽取近似看成有放回抽取,每抽一件产品看成一次试验,抽 10 件产品相当于做 10 次重复独立试验,且每次试验只有"次品"或"正品"两种可能的结果,所以可看成 10 重伯努利试验.

解　(1) 设 A 表示"任取 1 件是次品",则
$$P(A)=0.04,P(\overline{A})=0.96.$$
设 B 表示"10 件中至少有 2 件次品".

由二项概率公式,有
$$P(B)=\sum_{k=2}^{10}P_{10}(k)=1-P_{10}(0)-P_{10}(1)$$
$$=1-(0.96)^{10}-C_{10}^1\times(0.04)\times(0.96)^9$$
$$\approx 0.058\ 2.$$

(2) 由题意,至第 2 次抽取到次品时,共抽取了 10 次,前 9 次中抽得 8 件正品、1 件次品.设 C 表示"前 9 次中抽到 8 件正品、1 件次品",D 表示"第 10 次抽到次品",则由事件的独立性和二项概率公式,所求概率为
$$P(CD)=P(C)P(D)=C_9^1\times 0.04\times(0.96)^8\times 0.04\approx 0.010\ 4.$$

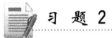 习 题 2

1. 6 件产品中有 2 件次品,采用不放回形式抽样,每次抽一件,连抽两次,记 A 为事件"第一次抽到正品",B 为事件"第二次抽到正品",试求 $P(A)$,$P(AB)$,$P(B|A)$,$P(B)$.

2. 设 10 件产品中有 4 件不合格品,从中任取两件,已知所取两件产品中有一件是不合格品,求另一件也是不合格品的概率.

3. 10 个考签中有 4 个难签,3 人参加抽签考试,不重复地抽取,每人抽一次,甲先、乙次、丙最后,证明 3 人抽到难签的概率相等.

4. 一批零件共 100 个,次品率为 10%,每次从中任取一个零件,取后不放回,如果取到一个合格品就不再取下去,求在三次内取得合格品的概率.

5. 对一批数量为 100 件的产品进行不放回抽样检查,整批产品被拒绝接受的标准是:在被检查的 5 件产品中,至少有 1 件是次品.如果这批产品中有 5% 的次品,求这批产品被拒绝接受的概率.

6. 足球主裁判口袋中有三张形状完全相同的卡片,一张双面都是红色的,一张双面都是黄色的,一张一面红色、一面黄色.在比赛中,如果裁判随意地拿出一张卡片,出示给犯规球员看时是红色的,求它另一面是黄色的概率.

7. 一批产品中有 96% 是合格品.现有一种简化的检查方法,它把真正的合格品确认为合格品的概率是 0.98,而误将次品判为合格品的概率为 0.05,求用此方法检查出合格品的概率和检查出的合格品确实为合格品的概率.

8. 有两箱同种类的零件,第一箱装了 50 只,其中 10 只一等品;第二箱装 30 只,其中 18 只一等品.今从两箱中任挑出一箱,然后从该箱中取零件两次,每次任取一只,做不放回抽样.求:

(1) 第一次取到的是一等品的概率;

(2) 在第一次取得的零件是一等品的条件下,第二次取到的也是一等品的概率.

9. 发报台分别以概率 0.6 和 0.4 发出信号"·"及"—".由于通信系统受到干扰,当发出信号"·"时,收报台分别以概率 0.8 及 0.2 收到"·"及"—";又当发出信号"—"时,收报台分别以概率 0.9 及 0.1 收到"—"及"·".求当收报台收到"·"时,发报台确系发出信号"·"的概率,以及收报台收到"—"时,发报台确系发出"—"的概率.

10. 事件 A,B 相互独立,两个事件中仅发生事件 A 的概率与仅发生事件 B 的概率都是 $\dfrac{1}{4}$,求 $P(A)$ 与 $P(B)$.

11. 要验收一批(100 台)微机,验收方案如下:自该批微机中随机地取出 3 台进行测试(设 3 台微机的测试是相互独立的),3 台中只要有一台在测试中被认为是次品,这批微机就会被拒绝接收.由于测试条件和水平的原因,将次品的微机误认为正品微机的概率为 0.05,而将正品的微机误判为次品微机的概率为 0.01.如果已知这 100 台微机中恰有 4 台次品,试问这批微机被接收的概率是多少?

12. 某种仪器由三个部件组装而成,假设各部件质量互不影响且它们的优质品率分别为 0.8,0.7 与 0.9.已知:若三个部件都是优质品,则组装后的仪器一定合格;若有一个部件不是优质品,则组装后的仪器的不合格率为 0.2;若有两个部件不是优质品,则组装后的仪器的不合格率为 0.6;若三个部件都不是优质品,则组装后的仪器的不合格率为 0.9.

(1) 求仪器的不合格率;

(2) 如果已发现一台仪器不合格,问它有几个部件不是优质品的概率最大?

13. 6 个独立工作的元器件中,每一个元器件损坏的概率都是 p,如果 6 个元器件两两串联形成支路,3 个支路并联成电路,问这个电路通畅的概率是多少?

14. 某电路由 5 个元件连接而成,参见图 2-3:

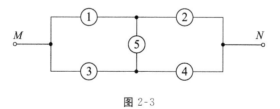

图 2-3

每个元件闭合的概率都是 p,且每个元件闭合与否相互独立,求电路 M 至 N 为通路的概率.

15. 设甲、乙两城的通信线路间有 n 个相互独立的中继站,每个中继站中断的概率均为 p.

(1) 试求甲、乙两城间通信中断的概率;

(2) 若已知 $p=0.005$,问在甲、乙两城间至多能设多少个中继站,才能保证两地间通信不中断的概率不小于 0.95?

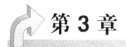

第 3 章
一维随机变量

　　概率论是从数量上研究随机现象的规律性的科学. 在随机试验中,人们除对某些特定事件发生的概率感兴趣外,往往还关心某个与随机试验的结果相联系的变量. 而且通过对随机事件及其概率的研究,细心的读者可能已经注意到,随机事件和实数之间存在着某种客观联系,这种联系又取决于随机试验的结果,因而被称为随机变量. 与普通变量不同的是,人们无法事先预知随机变量确切的取值,但可以研究其取值的统计规律性. 为此本章将引入随机变量及其概率分布的概念,利用微积分这一工具全面地研究随机试验的结果,揭示随机现象的统计规律.

§3.1　一维随机变量及其分布函数

一、一维随机变量

　　随机试验的结果经常是数量. 例如,掷一颗骰子所得点数,记录电话呼唤次数,预报明天的最高气温,从某厂出厂的灯泡中抽取一只记录其使用寿命,所得的可能结果均是数量. 有的随机试验的结果虽不是数量,但可以将其数量化. 例如,抛掷一枚匀质的硬币,考察其可能出现的结果:要么正面朝上,要么反面朝上,我们可以用数字"1"代表正面朝上,用数字"0"代表反面朝上,这样就建立了随机事件的可能结果与数量间的一个对应关系(映射). 这样的变量,其取值依赖于随机试验的结果,即取值是随机的,故人们常称这种变量为随机变量. 这与"函数"本质上是一回事,只是在函数概念中,自变量是实数 x,而在随机变量的概念中,自变量是样本点 ω. 下面我们通过随机试验的结果与实数的对应关系来进一步定量研究随机现象的规律性.具体可以归纳为以下两种情况：

1. 随机试验的结果直接用数量表示.

例如，(1)考察掷一颗骰子出现的点数，则样本空间 $U=\{1,2,\cdots,6\}=\{\omega_1, \omega_2,\cdots,\omega_6\}$.

若 X 表示骰子出现的点数，则随机事件 X 与数 $1,2,\cdots,6$ 之间有对应关系： $X(\omega_i)=i,i=1,2,\cdots,6$，于是事件"试验中出现的点数大于 2 且小于 5"可表示为 $A=\{2<X<5\}=\{X=3\}+\{X=4\}$.

(2)考察电话总机在单位时间内接到呼唤的次数，若记其为 X，则

$$X=X(\omega_i)=i,i=0,1,2,\cdots.$$

$\{X=k\}$ 表示"单位时间内接到 k 次呼唤"这一事件，事件"单位时间内至少接到 10 次呼唤"可以表示为 $\{X\geqslant 10\}$.

(3)考察某产品的使用寿命(单位：年)，若记其为 X，则

$$X=X(\omega)=x,x\in[0,+\infty).$$

事件"这种产品的使用寿命不超过 1 年"可表示为 $\{X\leqslant 1\}$.

2. 随机现象中，试验结果看起来与数量没有必然的联系，但可以通过设置一些变量，规定它们之间的对应关系，从而将随机事件数量化.

例如，(1)掷一枚匀质硬币两次，考察朝上的面，则样本空间 $U=\{($正,正$)$, $($正,反$)$,$($反,正$)$,$($反,反$)\}=\{\omega_1,\omega_2,\omega_3,\omega_4\}$.可以规定样本点 ω 与数集之间的对应关系为" ω 中正面朝上的次数"，则 $X(\omega_1)=2,X(\omega_2)=X(\omega_3)=1$, $X(\omega_4)=0$.

(2)射手射击，样本点 ω_1 为"击中目标"，ω_2 为"未击中目标"，现令

$$X=X(\omega_i)=\begin{cases}1, & i=1,\\ 0, & i=2.\end{cases}$$

可见，样本空间 $U=\{\omega_1,\omega_2\}$ 与实数子集 $\{0,1\}$ 之间形成一种对应关系.

以上例子中出现了变量 X，而变量 X 的每一个取值，在每次试验之前是不能确定的，这种取决于随机试验的结果的变量就是随机变量.

定义 1　设随机试验 E 的样本空间为 U，若对每一个 $\omega\in U$，都有一个实数 $X(\omega)$ 与之对应，则将单值实值函数 $X=X(\omega)$ 称为样本空间 U 上的**随机变量**. 通常用大写字母 X,Y,Z 等或希腊字母 ζ,η,ξ 等表示，用小写字母 x,y,z 等表示它们可能取的值.

随机变量通常分为两类：若随机变量 X 的所有取值可以逐个列举出来(即

有限个或可列无限个),则称 X 为**离散型随机变量**;若随机变量 X 的所有可能取值不可以逐个列举出来,则称 X 为**非离散型随机变量**.非离散型随机变量范围很广,情况比较复杂,其中最重要的,也是实际问题中常遇到的是(充满某个区间或区域的)连续型随机变量.

随机变量成功地将随机事件数量化了,这不仅使随机事件在表达形式上简单化了,更重要的是它还具有更深远的意义,即随机事件出现(随机变量取特定数值)的概率大小,这就是下面我们要介绍的概率分布情况.

二、随机变量的分布函数

我们通常需要掌握形如 $\{X>x\},\{X\leqslant x\},\{a<X\leqslant b\}$ 等随机事件的概率 $P(X>x),P(X\leqslant x),P(a<X\leqslant b)$.由于这些事件都可用随机事件 $\{X\leqslant x\}$ 的运算来表示,如

$$\{X>x\}=U-\{X\leqslant x\}=\overline{\{X\leqslant x\}},$$
$$\{a<X\leqslant b\}=\{X\leqslant b\}-\{X\leqslant a\},$$

所以只需求出 $P(X\leqslant x)$ 即可.

定义 2　设 X 是一随机变量,对任意实数 x,定义函数
$$F(x)=P(X\leqslant x),$$
称 $F(x)$ 为随机变量 X 的**概率分布函数**,简称**分布函数**或**分布**.

例 1　设 X 是掷一枚硬币两次出现正面朝上的次数,求 X 的分布函数 $F(x)$.

解　X 可能的取值为 $0,1,2$,且
$$P(X=0)=\frac{1}{4},P(X=1)=\frac{1}{2},P(X=2)=\frac{1}{4},$$
于是,当 $x<0$ 时,$F(x)=P(X\leqslant x)=P(\varnothing)=0$;

当 $0\leqslant x<1$ 时,$F(x)=P(X\leqslant x)=P(X=0)=\frac{1}{4}$;

当 $1\leqslant x<2$ 时,$F(x)=P(X\leqslant x)=P(X=0 \text{ 或 } X=1)=P(X=0)+P(X=1)=\frac{1}{4}+\frac{1}{2}=\frac{3}{4}$;

当 $x\geqslant 2$ 时,$F(x)=P(X\leqslant x)=P(U)=1$.

综上所述,X 的分布函数为

$$F(x)=\begin{cases}0, & x<0, \\ \dfrac{1}{4}, & 0\leqslant x<1, \\ \dfrac{3}{4}, & 1\leqslant x<2, \\ 1, & x\geqslant2.\end{cases}$$

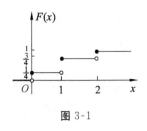

图 3-1

分布函数的图形如图 3-1 所示.

例 2 某射手向半径为 R 的圆形靶射击一次,并假设不会脱靶. 弹着点落在以靶心为圆心、r 为半径($r\leqslant R$)的圆形区域的概率与该区域的面积成正比. 设随机变量 X 表示弹着点与靶心的距离,求 X 的分布函数,并求概率 $P\left(\dfrac{R}{4}\leqslant x\leqslant\dfrac{3}{4}R\right)$.

解 由题意,对任意 $x\in[0,R]$,有 $P(0\leqslant X\leqslant x)=k\pi x^2$. 注意到 $\{0\leqslant X\leqslant R\}$ 是必然事件,因此

$$P(0\leqslant X\leqslant R)=k\pi R^2=1,$$

得 $k=\dfrac{1}{\pi R^2}$.

故当 $x<0$ 时,$F(x)=P(X\leqslant x)=P(\varnothing)=0$;

当 $0\leqslant x<R$ 时,$F(x)=P(X\leqslant x)=P(X<0)+P(0\leqslant X\leqslant x)$

$$=0+\dfrac{1}{\pi R^2}\cdot\pi x^2=\dfrac{x^2}{R^2};$$

当 $x\geqslant R$ 时,$F(x)=P(X\leqslant x)=P(X\leqslant0)+P(0\leqslant X\leqslant R)+P(R<X\leqslant x)=1.$

综上所述,随机变量 X 的分布函数为

$$F(x)=\begin{cases}0, & x<0, \\ \dfrac{x^2}{R^2}, & 0\leqslant x<R, \\ 1, & x\geqslant R.\end{cases}$$

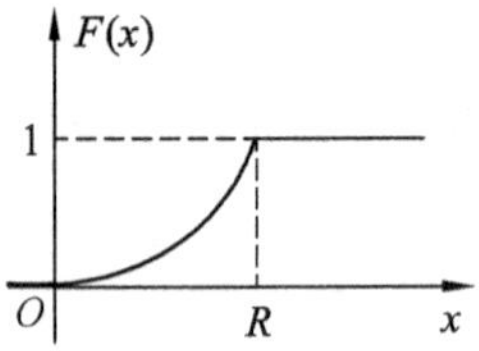

图 3-2

分布函数的图形如图 3-2 所示.

而 $P\left(\dfrac{R}{4}<X\leqslant\dfrac{3}{4}R\right)=P\left(X\leqslant\dfrac{3}{4}R\right)-P\left(X\leqslant\dfrac{R}{4}\right)$

$$=\dfrac{1}{R^2}\left(\dfrac{3}{4}R\right)^2-\dfrac{1}{R^2}\left(\dfrac{R}{4}\right)^2=\dfrac{1}{2},$$

按分布函数的定义可知

$$P(a<X\leqslant b)=P(X\leqslant b)-P(X\leqslant a)=F(b)-F(a),$$

即事件 $\{X\in(a,b]\}$ 的概率等于分布函数 $F(x)$ 在该区间上的增量.

由例 1、例 2 所得分布函数的图形及分布函数的定义可总结出分布函数具有如下性质：

定理　设 $F(x)$ 是随机变量 X 的分布函数，则

(1) 正规性：$0\leqslant F(x)\leqslant 1(-\infty<x<+\infty)$，且 $F(-\infty)=\lim\limits_{x\to-\infty}F(x)=0$，$F(+\infty)=\lim\limits_{x\to+\infty}F(x)=1$；

(2) 单调性：当 $x_1<x_2$ 时，有 $F(x_1)\leqslant F(x_2)$，即 $F(x)$ 单调不减；

(3) 右连续性：$F(x)$ 处处右连续，即对任意的 $x_0<+\infty$，有

$$\lim\limits_{x\to x_0^+}F(x)=F(x_0).$$

证　(1) 根据分布函数的定义 $F(x)=P(X\leqslant x)$，即 $F(x)$ 为 X 落在 $(-\infty,x]$ 内的概率，故 $0\leqslant F(x)\leqslant 1$.

对于其余两式，只需对 $F(x)=P(X\leqslant x)$ 两边取 $x\to-\infty$ 和 $x\to+\infty$ 时的极限，可得

$$F(+\infty)=P(X<+\infty)=P(U)=1;$$
$$F(-\infty)=P(X<-\infty)=P(\varnothing)=0.$$

(2) 设任意实数 $x_1<x_2$，则由 $\{X\leqslant x_1\}\subset\{X\leqslant x_2\}$ 知

$$F(x_2)-F(x_1)=P(x_1<X\leqslant x_2)=P(X\leqslant x_2)-P(X\leqslant x_1)\geqslant 0,$$

即 $F(x_1)\leqslant F(x_2)$，故分布函数 $F(x)$ 单调不减.

(3) 因为 $F(x)$ 是单调有界函数，其任一点的右极限 $F(x_0+0)$ 必存在，为证明 $F(x)$ 的右连续性，只要对某一列单调下降的数列 $x_1>x_2>\cdots>x_n>\cdots,x_n\to x_0(n\to\infty)$，证明

$$\lim\limits_{n\to\infty}F(x_n)=F(x_0)$$

成立即可. 这时有

$$\begin{aligned}
F(x_1)-F(x_0)&=P(x_0<X\leqslant x_1)\\
&=P\Big(\bigcup_{n=1}^{\infty}\{x_{n+1}<X\leqslant x_n\}\Big)\\
&=\sum_{n=1}^{\infty}P(x_{n+1}<X\leqslant x_n)\\
&=\sum_{n=1}^{\infty}\big[F(x_n)-F(x_{n+1})\big]=\lim\limits_{n\to\infty}\big[F(x_1)-F(x_{n+1})\big]
\end{aligned}$$

$$=F(x_1)-\lim_{n\to\infty}F(x_{n+1}),$$

由此即得

$$F(x_0)=\lim_{n\to\infty}F(x_{n+1})=F(x_0+0).$$

分布函数的三个基本性质已经证毕.反之,还可以证明：任一满足这三个性质的函数,一定可以作为某个随机变量的分布函数(因此,满足这三个性质的函数通常都称为分布函数).

由于分布函数只是实数轴上的函数,所以同一个分布函数可以具有不同的样本空间,同一样本空间上不同的随机变量,也可以具有相同的分布函数.

利用分布函数的定义和性质,可以计算随机变量落在任一区间上的随机事件的概率,结果如下：

$$P(X>x)=1-F(x),$$
$$P(X<x)=F(x-0),$$
$$P(X\geqslant x)=1-F(x-0),$$
$$P(X=x)=F(x)-F(x-0),$$
$$P(x_1<X\leqslant x_2)=F(x_2)-F(x_1),$$
$$P(x_1\leqslant X\leqslant x_2)=F(x_2)-F(x_1-0),$$
$$P(x_1<X<x_2)=F(x_2-0)-F(x_1),$$
$$P(x_1\leqslant X<x_2)=F(x_2-0)-F(x_1-0).$$

§3.2 离散型随机变量及其分布

一、离散型随机变量及其分布律

若随机变量 X 的全部可能取值是有限个或可列无限个,则称其为离散型随机变量.为了描述 X,除需要知道 X 的可能取值结果外,还需要知道它取各个值的概率.这种随机变量取值及其对应概率的全面描述称为离散型随机变量的分布律(列),简称分布.下面给出其定义.

定义 设离散型随机变量 X 的所有可能的取值为 $x_k(k=1,2,3,\cdots)$,x 取各个可能值的概率

$$P(X=x_k)=p_k,k=1,2,3,\cdots, \tag{1}$$

则称(1)式为**离散型随机变量** X **的概率分布**或**分布律(列)**,也称为**分布密度**.

分布律也可以用如下表格的形式来表示:

X	x_1	x_2	$\cdots$	x_n	$\cdots$
p_k	p_1	p_2	$\cdots$	p_n	$\cdots$

还可以表示成矩阵形式

$$X \sim \begin{pmatrix} x_1 & x_2 & \cdots & x_n & \cdots \\ p_1 & p_2 & \cdots & p_n & \cdots \end{pmatrix}.$$

由概率的定义可知 p_k 满足以下条件:

(1) 非负性: $p_k \geqslant 0 (k = 1, 2, \cdots)$;

(2) 规范性: $\displaystyle\sum_{k=1}^{\infty} p_k = 1$.

反之,任意一个具有以上两个性质的数列 $\{p_i\}$,都有资格作为某随机变量的分布律.

由于
$$\{a \leqslant X \leqslant b\} = \bigcup_{a \leqslant x_i \leqslant b} \{X = x_i\},$$

从而
$$P(a \leqslant X \leqslant b) = \sum_{a \leqslant x_i \leqslant b} P(X = x_i).$$

也可以说分布列全面地描述了离散型随机变量的统计规律.

例 1　设一汽车在开往目的地的道路上需经过 4 个交叉路口,在每个交叉路口遇到红灯的概率为 p.

(1) 求汽车一路上遇到的红灯盏数的概率分布;

(2) 求汽车首次停下来时,它已通过的交通灯数的分布律(假定通过 4 个交通灯以后停下).

解　(1) 设 X 为"汽车一路上遇到的红灯盏数",由题意知,X 的可能取值为 $0, 1, 2, 3, 4$,则 X 的分布律为

X	0	1	2	3	4
p_i	$(1-p)^4$	$4p(1-p)^3$	$6p^2(1-p)^2$	$4p^3(1-p)$	p^4

这是一个 4 重伯努利试验,汽车途中遇到红灯的盏数服从的分布律为

$$P(X = k) = C_4^k p^k (1-p)^{4-k}, \quad k = 0, 1, 2, 3, 4.$$

(2) 设 Y 为"汽车首次停下来时,它已通过的交通灯的数量",由题意知,Y

的可能取值为 $0,1,2,3,4$，则 Y 的分布律为

Y	0	1	2	3	4
p_i	p	$(1-p)p$	$(1-p)^2p$	$(1-p)^3p$	$(1-p)^4$

二、常见的离散型随机变量

下面介绍几种常见的离散型随机变量的分布.

1. 二项分布

已知有

$$p_k = P(X=k) = C_n^k p^k q^{n-k} (0 \leqslant k \leqslant n, q = 1-p),$$

容易验证：

(1) $p_k > 0, 0 \leqslant k \leqslant n$；

(2) $\sum_{k=0}^{n} p_k = \sum_{k=0}^{n} C_n^k p^k q^{n-k} = (p+q)^n = 1.$

注意到 $p_k = C_n^k p^k q^{n-k}$ 恰是二项式 $(p+q)^n$ 的展开式中的第 $k+1$ 项，由此离散型分布 $P(X=k) = C_n^k p^k q^{n-k}$ 称为**二项分布**. 此时称离散型随机变量 X 服从二项分布，记为 $X \sim B(n,p)$，且 $p_k = B(k,n,p) = C_n^k p^k q^{n-k}$.

例如，例 1(1)中 $X \sim B(4,p)$.

2. 0-1分布(两点分布)

在二项分布中，如果 $n=1$，那么 k 只能取值 0 或 1，显然 $p_0 = q, p_1 = p$，其分布律也可以表示成

X	0	1
p_i	q	p

这个分布律称为 0-1**分布**或**两点分布**，它是二项分布的特例.

在抛掷一枚均匀硬币的例子中，当随机变量 X 取 0 时，表示硬币反面朝上；当随机变量 X 取 1 时，表示硬币正面朝上. 则 X 服从 0-1 分布，$p = \dfrac{1}{2}$，即

X	0	1
p_i	$\dfrac{1}{2}$	$\dfrac{1}{2}$

很显然,必然事件 $U=\{X=a\}$(虽然取值已经失去随机性)也可以看作随机变量的极端情形,这时随机变量 X 的分布律为

$$P(X=a)=1.$$

称这个分布为**单点分布**或**退化分布**.

二项分布是实际应用中非常重要的离散型分布.

例 2 设每台自动机床在运行过程中需要维修的概率均为 $p=0.01$,且各机床是否需要维修各自独立.

(1)如果每名维修工人负责看管 20 台机床,求不能及时维修的概率;

(2)如果 3 名维修工人共同看管 80 台机床,求不能及时维修的概率.

解 (1)由题设知需维修的机床数 $X\sim B(20,0.01)$,故不能及时维修的概率为

$$P(X>1)=1-\sum_{k=0}^{1}P(X=k)$$
$$=1-0.99^{20}-20\times0.01\times0.99^{19}$$
$$\approx0.0169.$$

(2)由题意知需维修的机床数 $X\sim B(80,0.01)$,3 名维修工人共同看管 80 台机床时不能及时维修的概率为

$$P(X>3)=1-\sum_{k=0}^{3}C_{80}^{k}\cdot0.01^{k}\cdot0.99^{80-k}\approx0.0087.$$

由例 2 看出 3 名维修工人共同看管 80 台机床比每人看管 20 台机床的工作效率高,而且不能及时维修的概率下降至后一种情况的近一半,会给经营管理者带来好的经济效益.但必须指出,未考虑维修时间这个因素,所得结果只适用于服务时间很短的服务系统.随着 n 的增大,二项分布的计算量增大.

$B(9,0.2)$,$B(16,0.2)$,$B(25,0.2)$ 的概率分布图如图 3-3 所示.

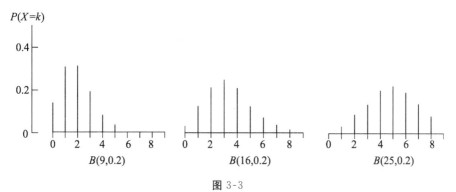

图 3-3

从图中可以看出如下几点：

（1）n,p 给定，X 取 k 的概率随着 k 的增大，先增大至最大值后再下降.

（2）p 给定，随着 n 增大，$B(n,p)$ 的图形趋于对称.

在（1）中，使 p_k 达到最大的 k 是 n 次独立试验中最可能成功的次数，可以证明二项分布中这样的 k 都存在一个或两个.

定理 1　设 $X \sim B(n,p)$，则

$$P(X=[(n+1)p])=\max_{0 \leqslant k \leqslant n}\{C_n^k p^k (1-p)^{n-k}\},$$

其中 $[(n+1)p]$ 表示不超过 $(n+1)p$ 的最大整数. 特别地，若 $(n+1)p$ 本身为整数，则

$$P(X=(n+1)p-1)=P(X=(n+1)p)=\max_{0 \leqslant k \leqslant n}\{C_n^k p^k (1-p)^{n-k}\}.$$

证　对 $0 \leqslant k \leqslant n$，由

$$\frac{P(X=k)}{P(X=k-1)}=\frac{C_n^k p^k q^{n-k}}{C_n^{k-1} p^{k-1} q^{n-k+1}}=\frac{(n-k+1)p}{kq}=1+\frac{(n+1)p-k}{kq},$$

可得

（1）当 $k<(n+1)p$ 时，$P(X=k)>P(X=k-1)$，即 $P(X=k)$ 随着 k 的增大而增大；

（2）当 $k=(n+1)p$ 时，$P(X=k)=P(X=k-1)$；

（3）当 $k>(n+1)p$ 时，$P(X=k)<P(X=k-1)$，即 $P(X=k)$ 随着 k 的增大而减小.

因此，当 $k=k_0$ 时，$P(X=k)=P(X=k-1)$ 取最大值，其中

$$k_0=\begin{cases}(n+1)p \text{ 或 } (n+1)p-1, & (n+1)p \text{ 为整数}, \\ [(n+1)p], & (n+1)p \text{ 不是整数}.\end{cases}$$

这里，$[(n+1)p]$ 表示不超过 $(n+1)p$ 的最大整数，对于 $(n+1)p$ 这个正数而言，它就是指 $(n+1)p$ 的整数部分. 达到最大值的 k_0 也就是随机变量 X 最可能取的值，是最可能出现的次数. 称 $[(n+1)p]$ 为二项分布 $B(n,p)$ 的最可能出现的次数，$P(X=[(n+1)p])$ 为**二项分布的中心项**.

例 3　一批产品进行重复独立抽样检查 5 000 次，这批产品的次品率为 0.001，求：

（1）最可能的次品数及相应的概率；

（2）次品数不少于 1 的概率.

解　(1) $k=[(n+1)p]=[(5\,000+1)\times0.001]=[5.001]=5$,

$$p_{5\,000}(5)=C_{5\,000}^5(0.001)^5(0.999)^{4\,995}\approx0.175\,6.$$

(2) 设 X 表示 5 000 个样品中的次品数,则 $X\sim B(5\,000,0.001)$.

$$P(X\geqslant1)=1-P(X<1)=1-P(X=0)\approx1-0.006\,7=0.993\,3.$$

由此可见连续抽样 5 000 次,几乎必抽到次品一次.这就是说,小概率事件在一次试验中一般不易发生,但若重复次数多了,便成为大概率事件,以致迟早会发生.因此,不可轻视小概率事件.

3. 泊松分布

当 n,k 均很大时,二项分布的概率计算是烦琐的,法国数学家泊松(Poisson)在研究二项分布的近似计算时证得:当 n 很大而 p 很小时,

$$C_n^kp^k(1-p)^{n-k}\approx\frac{\lambda^k}{k!}e^{-\lambda}\quad(\lambda=np).$$

显然　　　　　　$P(X=k)=\dfrac{\lambda^k}{k!}e^{-\lambda}\geqslant0\ (k=0,1,2,\cdots),$

且　　$\displaystyle\sum_{k=0}^{\infty}P(X=k)=\sum_{k=0}^{\infty}\frac{\lambda^ke^{-\lambda}}{k!}=e^{-\lambda}\sum_{k=0}^{\infty}\frac{\lambda^k}{k!}=e^{-\lambda}e^{\lambda}=1.$

定理 2(泊松定理)　设 $\lambda>0$ 是常数,n 是任意正整数,且 $np=\lambda$,则对任意非负整数 k,有

$$\lim_{n\to\infty}C_n^kp^k(1-p)^{n-k}=\frac{\lambda^k}{k!}e^{-\lambda}.$$

若随机变量 X 的分布律为

$$P(X=k)=\frac{\lambda^k}{k!}e^{-\lambda},\ k=0,1,2,\cdots,$$

其中 $\lambda>0$ 是常数,则称 X 服从参数为 λ 的**泊松分布**,记为 $X\sim P(\lambda)$.

对给定的参数 λ,泊松分布中 $P(X=k)$ 先随 k 取值的增大而增大,当 k 增大到超过一定范围时,相应的概率便急剧下降,甚至可能忽略不计.

对照 $B(500,0.002)$ 和 $P(1)$ 的分布律,见下表:

k	0	1	2	3	4	5	6
$B(500,0.002)$	0.367 5	0.368 2	0.184 1	0.061 2	0.015 3	0.003 03	0.000 50
$P(1)$	0.367 9	0.367 9	0.183 9	0.061 3	0.015 3	0.003 07	0.000 51

可见泊松分布是二项分布的近似.

由于 $np=\lambda$,所以在 n 很大时,p 必定很小,此时若 np 不太大(即 p 较小),

用泊松分布计算就方便多了. 实际上, 一般地, 当 $np<5$ 时, 二项分布转化为泊松分布, 近似程度很好; 当 $np\geq5$ 时, 二项分布转化为泊松分布的效果并不好. 这时怎么解决计算的困难呢? 这个问题将在第 5 章予以讨论.

4. 几何分布

在 n 重伯努利试验中, 假设事件 A 在一次试验中发生的概率为 $p(0<p<1)$, 将试验进行到事件 A 出现一次为止, 以 X 表示所需试验的次数, 则

$$p_k=P(X=k)=(1-p)^{k-1}p \ (k=1,2,\cdots).$$

称 X 服从参数为 p 的**几何分布**, 记作 $X\sim G(p)$, $q=1-p$.

X	1	2	3	$\cdots$	k	$\cdots$
p_k	p	pq	pq^2	$\cdots$	pq^{k-1}	$\cdots$

显然:

(1) $p_k\geq0$;

(2) $\displaystyle\sum_{k=0}^{\infty}p_k=\sum_{k=0}^{\infty}pq^{k-1}=p\sum_{k=0}^{\infty}q^{k-1}=p\cdot\frac{1}{1-q}=p\cdot\frac{1}{p}=1.$

易见 $\displaystyle P(X>n)=\sum_{k=n+1}^{\infty}pq^{k-1}=\frac{pq^n}{1-q}=q^n.$

在伯努利试验中, 若考虑直到其中某一结果出现为止所需要的试验次数, 则它服从几何分布.

例 4 设 $X\sim G(p)$, 证明:

$$P(X>m+n|X>m)=P(X>n) \ (自然数 \ m,n\geq1).$$

证 若 $X\sim G(p)$, 令 $q=1-p$, 对任意自然数 $m,n\geq1$, 有

$$P(X>m+n|X>m)=\frac{P(X>m+n,X>m)}{P(X>m)}=\frac{P(X>m+n)}{P(X>m)}=\frac{q^{m+n}}{q^m}=q^n.$$

注 这一性质称为几何分布的"无记忆性", 这是由于重复独立试验, 前面的试验结果对后面试验结果的概率没有影响.

§3.3 连续型随机变量及其概率分布

一、连续型随机变量及其概率密度

在第二节, 我们已经对离散型随机变量作了一些研究, 下面我们将研究另一

类十分重要且常见的非离散型随机变量——连续型随机变量.

定义 设 X 是随机变量,$F(x)$ 是它的分布函数,若存在一个非负函数 $f(x)$,使得对任意实数 x,有

$$F(x) = \int_{-\infty}^{x} f(t)\mathrm{d}t,$$

则称 X 为**连续型随机变量**,其中函数 $f(x)$ 称为 X 的 **概率密度函数**,简称**概率密度**或**密度函数**.如图 3-4 所示.

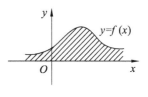

图 3-4

由分布函数的性质不难验证,概率密度 $f(x)$ 具有以下性质:

(1) 非负性:$f(x) \geqslant 0$;

(2) 规范性:$\int_{-\infty}^{+\infty} f(x)\mathrm{d}x = 1$.

反之,任意一个 **R** 上的函数 $f(x)$,若具有以上两条性质,则可以将此函数作为某个随机变量的概率密度.

若随机变量 X 的概率密度函数为 $f(x)$,则对任意 $x_1, x_2 \in \mathbf{R}$,且 $x_1 < x_2$,有

$$P(x_1 < X \leqslant x_2) = F(x_2) - F(x_1) = \int_{x_1}^{x_2} f(x)\mathrm{d}x.$$

上式的几何意义为:X 落在 $(x_1, x_2]$ 中的概率即为区间 $(x_1, x_2]$ 上由曲线 $y = f(x)$,直线 $x = x_1, x = x_2$ 及 x 轴围成的曲边梯形的面积(图 3-5 中阴影部分).

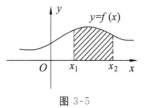

图 3-5

由此还可以证明:连续型随机变量 X 取单点值的概率为零,即对任意实数 x,

$$P(X = x) = 0.$$

因此,概率为 0 的事件未必是不可能事件.同样,概率为 1 的事件也并不一定是必然事件.

于是

$$P(x_1 \leqslant X \leqslant x_2) = P(X = x_1) + P(x_1 < X \leqslant x_2) = \int_{x_1}^{x_2} f(x)\mathrm{d}x,$$

故

$$P(x_1 < X \leqslant x_2) = P(x_1 \leqslant X \leqslant x_2) = P(x_1 \leqslant X < x_2) = P(x_1 < X < x_2)$$
$$= \int_{x_1}^{x_2} f(x)\mathrm{d}x.$$

如果 $f(x)$ 在某一范围内的数值比较大,由上式可知随机变量 X 落在这个范围内的概率也较大,这表明 $f(x)$ 的确具有"密度"的性质. 此外由定义,在 $f(x)$ 的连续点 x 处,必有

$$\frac{\mathrm{d}F(x)}{\mathrm{d}x} = F'(x) = f(x).$$

二、几种常见的连续型随机变量

1. 均匀分布

例 1 在一个均匀陀螺的圆周上均匀地刻上区间 $[a,b]$ 上的诸值. 旋转此陀螺,求它停下时其圆周上触及桌面的点的刻度 X 的分布函数和概率密度.

解 按陀螺的均匀性及刻度的均匀性,对区间 $[a,b]$ 内的任一小区间 $[c,d]$,有

$$P(c \leqslant X \leqslant d) = \frac{d-c}{b-a}.$$

对数轴上任一个区间 S,由于 X 取区间 $[a,b]$ 之外值的概率为零,所以

$$P(X \in S) = l(s),$$

其中 $l(s)$ 为 $S \bigcap [a,b]$ 的长度.

当 $x \leqslant a$ 时,$(-\infty, x] \bigcap [a,b]$ 为空集或单点集 $\{a\}$,所以 $F(x) = P(X \leqslant x) = 0$;

当 $a < x < b$ 时,$(-\infty, x] \bigcap [a,b] = [a,x]$,所以 $F(x) = P(X \leqslant x) = \frac{x-a}{b-a}$;

当 $x \geqslant b$ 时,$(-\infty, x] \bigcap [a,b] = [a,b]$,所以 $F(x) = P(X \leqslant x) = 1$.

所以随机变量 X 的分布函数为

$$F(x) = \begin{cases} 0, & x \leqslant a, \\ \dfrac{x-a}{b-a}, & a < x < b, \\ 1, & x \geqslant b. \end{cases}$$

从而,X 的概率密度为

$$f(x) = F'(x) = \begin{cases} \dfrac{1}{b-a}, & a < x < b, \\ 0, & \text{其他.} \end{cases}$$

称这个连续型随机变量 X 服从区间 (a,b) 上的**均匀分布**,它依赖于常数 a 和 b,

记作 $X \sim U(a,b)$,概率密度 $f(x)$ 和分布函数 $F(x)$ 的图形分别如图 3-6、图 3-7 所示.

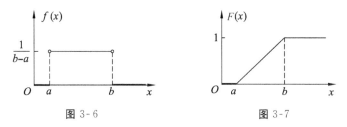

图 3-6   图 3-7

例 2   汽车站每隔 5 min 有一辆公共汽车通过,乘客到达车站的任一时刻是等可能的,求乘客候车时间不超过 3 min 的概率.

解   设在 t_0 时刻汽车刚开走,于是下一辆汽车到达的时刻为 $t_0 + 5$,乘客到达汽车站的时刻假定为 X,由题意知,$X \sim U(t_0, t_0 + 5)$,则有

$$f(x) = \begin{cases} \dfrac{1}{5}, & t_0 < x < t_0 + 5, \\ 0, & \text{其他}. \end{cases}$$

乘客在 $[t_0 + 2, t_0 + 5]$ 内到达车站,候车时间不超过 3 min,所以

$$P(t_0 + 2 \leqslant X \leqslant t_0 + 5) = \int_{t_0+2}^{t_0+5} \frac{1}{5} \mathrm{d}t = 0.6.$$

2. 指数分布

设连续型随机变量 X 的概率密度为

$$f(x) = \begin{cases} \lambda \mathrm{e}^{-\lambda x}, & x > 0, \\ 0, & \text{其他}, \end{cases}$$

其中常数 $\lambda > 0$,则称连续型随机变量 X 服从参数为 λ 的**指数分布**,记作 $X \sim E(\lambda)$.

显然 $f(x) \geqslant 0$,且

$$\int_{-\infty}^{+\infty} f(x) \mathrm{d}x = \int_{-\infty}^{0} 0 \mathrm{d}x + \int_{0}^{+\infty} \lambda \mathrm{e}^{-\lambda x} \mathrm{d}x = \left[-\mathrm{e}^{-\lambda x} \right]_{0}^{+\infty} = 1.$$

由分布函数的定义,服从指数分布的随机变量 X 的分布函数为

$$F(x) = \begin{cases} 1 - \mathrm{e}^{-\lambda x}, & x > 0, \\ 0, & \text{其他}. \end{cases}$$

指数分布在日常生活中很常见,如时间间隔、等待时间、电子元件或仪器的使用时间、动物的存活寿命等变量均服从指数分布.

例 3　已知某种电子仪器的无故障使用时间,即从修复后使用到再出现故障的时间间隔(单位:h)$X \sim E\left(\dfrac{1}{1\,000}\right)$.

(1) 求这种仪器能无故障使用 1 000 h 以上的概率;

(2) 在已知该仪器已经无故障使用了 1 000 h 的条件下,求它还能再使用 1 000 h 以上的概率;

(3) 如果要使 $P(X>x)<0.1$,那么 x 要在哪个范围内?

解　由已知 $X \sim E\left(\dfrac{1}{1\,000}\right)$,故其概率密度为

$$f(x)=\begin{cases}\dfrac{1}{1\,000}\mathrm{e}^{-\frac{1}{1\,000}x}, & x>0,\\[2mm] 0, & \text{其他.}\end{cases}$$

(1) $P(X>1\,000)=\displaystyle\int_{1\,000}^{+\infty}f(x)\mathrm{d}x=\int_{1\,000}^{+\infty}\dfrac{1}{1\,000}\mathrm{e}^{-\frac{1}{1\,000}x}\mathrm{d}x$

$\qquad\qquad\qquad=\left[-\mathrm{e}^{\frac{-x}{1\,000}}\right]_{1\,000}^{+\infty}=\mathrm{e}^{-1}.$

(2) $P(X>1\,000+1\,000\,|\,X>1\,000)=\dfrac{P(X>2\,000,X>1\,000)}{P(X>1\,000)}$

$\qquad\qquad\qquad\qquad\qquad\quad=\dfrac{P(X>2\,000)}{P(X>1\,000)}=\dfrac{\mathrm{e}^{-2}}{\mathrm{e}^{-1}}=\mathrm{e}^{-1}.$

(3) 要使 $P(X>x)<0.1$,即

$$\int_{x}^{+\infty}\dfrac{1}{1\,000}\mathrm{e}^{-\frac{1}{1\,000}x}\mathrm{d}x=\mathrm{e}^{-\frac{x}{1\,000}}<0.1,$$

则

$$-\dfrac{x}{1\,000}<\ln 0.1,$$

即

$$x>1\,000\ln 10.$$

(1)和(2)两问的结果一样,并非偶然.一般地,指数分布具有类似于几何分布的无记忆性.

定理 1　设随机变量 X(取非负实数值)$\sim E(\lambda)$,则它有下面的无记忆性:
对任意的实数 $x,y>0,P(X>x+y\,|\,X>x)=P(X>y)$.
证明略.

3. 正态分布

在许多实际问题中,我们遇到的随机变量常会受到大量微小的、相互独立的随机因素的影响,且这些影响是可以叠加的.例如,LED 灯管在指定条件下的耐用时间受原料、工艺、保管条件等因素的影响,而每种因素正常情况下都是相互独立的,且它们的影响都是均匀地微小且可以叠加的,具有上述特点的随机变量一般都可以认为具有以函数

$$f(x) = \frac{1}{\sqrt{2\pi}\sigma} e^{-\frac{(x-\mu)^2}{2\sigma^2}}, \quad -\infty < x < +\infty$$

(其中 μ, σ 是常数,$\sigma > 0$)为概率密度的分布,这种分布称为**正态分布**.

显然 $f(x) \geqslant 0$. 令 $t = \dfrac{x-\mu}{\sigma}$,则

$$\int_{-\infty}^{+\infty} f(x)\,\mathrm{d}x = \frac{1}{\sqrt{2\pi}} \int_{-\infty}^{+\infty} e^{-\frac{t^2}{2}}\,\mathrm{d}t.$$

因为

$$\left(\int_{-\infty}^{+\infty} e^{-\frac{x^2}{2}}\,\mathrm{d}x \right)^2 = \int_{-\infty}^{+\infty} e^{-\frac{x^2}{2}}\,\mathrm{d}x \int_{-\infty}^{+\infty} e^{-\frac{y^2}{2}}\,\mathrm{d}y = \int_{-\infty}^{+\infty}\int_{-\infty}^{+\infty} e^{-\frac{x^2+y^2}{2}}\,\mathrm{d}x\mathrm{d}y = 2\pi,$$

所以

$$\int_{-\infty}^{+\infty} f(x)\,\mathrm{d}x = \frac{1}{\sqrt{2\pi}} \int_{-\infty}^{+\infty} e^{-\frac{t^2}{2}}\,\mathrm{d}t = 1.$$

这种随机变量 X 相应的分布函数为

$$F(x) = \frac{1}{\sqrt{2\pi}\sigma} \int_{-\infty}^{x} e^{-\frac{(t-\mu)^2}{2\sigma^2}}\,\mathrm{d}t, \quad -\infty < x < +\infty.$$

称 $F(x)$ 为正态分布,称 X 服从正态分布,常记作 $X \sim N(\mu, \sigma^2)$.

正态分布的概率密度 $f(x)$ 的图形具有以下性质:

(1) $f(x)$ 的图形在 x 轴上方,以直线 $x = \mu$ 为对称轴;

(2) 当 $x = \mu$ 时,$f(x)$ 达到最大值 $\dfrac{1}{\sqrt{2\pi}\sigma}$,且 x 轴为图形的渐近线;

(3) 在 $x = \mu \pm \sigma$ 处,曲线 $y = f(x)$ 有拐点;

(4) 若 σ 固定,改变 μ 值为 μ_1,则曲线形状不变,对称轴从 $x = \mu$ 平移到 $x = \mu_1$(图 3-8);

(5) 若 μ 固定,则 σ 越大,$f(x)$ 的图形越平缓,σ 越小,图形越陡峭(图 3-9).

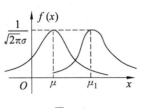

图 3-8

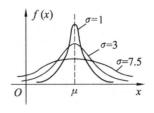

图 3-9

正态分布是概率论中最重要的一种分布,当 $\mu=0$,$\sigma=1$ 时,该分布称为**标准正态分布**,记作 $N(0,1)$. 当 $X\sim N(0,1)$ 时,随机变量 X 的概率密度函数和分布函数分别记为 $\varphi(x)$ 和 $\Phi(x)$,即

$$\varphi(x)=\frac{1}{\sqrt{2\pi}}e^{-\frac{x^2}{2}},\ -\infty<x<+\infty,$$

$$\Phi(x)=\frac{1}{\sqrt{2\pi}}\int_{-\infty}^{x}e^{-\frac{t^2}{2}}dt,\ -\infty<x<+\infty.$$

其图形分别如图 3-10(a) 及图 3-10(b) 所示.

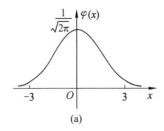

(a)

(b)

图 3-10

标准正态分布函数 $\Phi(x)$ 有以下性质:

(1) $\Phi(0)=0.5$;

(2) $\Phi(-x)=1-\Phi(x)$.

下面仅给出性质(2)的证明.

证 由 $\varphi(x)$ 的图象(图 3-11)知,$\varphi(x)$ 是偶函数,易见

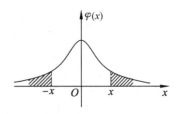

图 3-11

$$\int_{-\infty}^{-x}\varphi(t)dt=\int_{x}^{+\infty}\varphi(t)dt\ ,$$

所以 $\Phi(-x)=\int_{-\infty}^{-x}\varphi(t)dt=\int_{x}^{+\infty}\varphi(x)dx=\int_{-\infty}^{+\infty}\varphi(t)dt-\int_{-\infty}^{x}\varphi(t)dt=1-\Phi(x).$

为了便于计算服从正态分布的随机变量取一个区间内值的概率,本书书末附有 $\Phi(x)$ 的函数表,由表可查出服从 $N(0,1)$ 的随机变量小于等于指定值 $x(x>0)$ 的概率:

$$P(X\leqslant x)=\Phi(x).$$

当 $x<0$ 时,可用上述性质(2),通过查表得 $\Phi(-x)$ ($-x>0$)的值,利用 $\Phi(-x)=1-\Phi(x)$ 来计算 $\Phi(x)$ 的值.

设 $X\sim N(0,1)$,则

$$P(b_1<X<b_2)=P(b_1<X\leqslant b_2)=\Phi(b_2)-\Phi(b_1).$$

一般地,任何正态分布函数都可通过线性变换转化为标准正态分布函数.

定理 2　若随机变量 $X\sim N(\mu,\sigma^2)$,则

$$Z=\frac{X-\mu}{\sigma}\sim N(0,1).$$

证　随机变量 $Z=\dfrac{X-\mu}{\sigma}$ 的分布函数为

$$P(Z\leqslant x)=P\left(\frac{X-\mu}{\sigma}\leqslant x\right)=P(X\leqslant \mu+\sigma x)$$

$$=\frac{1}{\sqrt{2\pi}\sigma}\int_{-\infty}^{\mu+\sigma x}\mathrm{e}^{-\frac{(t-\mu)^2}{2\sigma^2}}\mathrm{d}t$$

$$\xLeftarrow{\quad\diamondsuit\, u=\frac{t-\mu}{\sigma}\quad}\frac{1}{\sqrt{2\pi}}\int_{-\infty}^{x}\mathrm{e}^{-\frac{u^2}{2}}\mathrm{d}u=\Phi(x).$$

这表明 $Z=\dfrac{X-\mu}{\sigma}\sim N(0,1)$.

所以对一般的随机变量 $X\sim N(\mu,\sigma^2)$,其分布函数

$$F(x)=P(X\leqslant x)=P\left(\frac{X-\mu}{\sigma}\leqslant\frac{x-\mu}{\sigma}\right)=\Phi\left(\frac{x-\mu}{\sigma}\right).$$

即要求 $F(x)=P(X\leqslant x)$,只需将随机变量作"标准化"变换 $Z=\dfrac{X-\mu}{\sigma}$,再查 $N(0,1)$ 分布表就可以了.

例 4　设 $X\sim N(0,1)$,求:(1) $P(X\leqslant 1.96)$;(2) $P(X\leqslant -1.96)$;(3) $P(|X|\leqslant 1.96)$.

解　查表得

(1) $P(X\leqslant 1.96)=\Phi(1.96)=0.975$.

(2) $P(X\leqslant-1.96)=\Phi(-1.96)=1-\Phi(1.96)=0.025.$

(3) $P(|X|\leqslant1.96)=P(-1.96\leqslant X\leqslant1.96)$

$$=\Phi(1.96)-\Phi(-1.96)$$

$$=2\Phi(1.96)-1=0.95.$$

例 5 设 $X\sim N(1,2^2)$,求:(1) $P(0<X\leqslant1.6)$;(2) $P(|X|>2)$.

解 (1) $P(0<X\leqslant1.6)=P\left(\dfrac{0-1}{2}<\dfrac{X-1}{2}\leqslant\dfrac{1.6-1}{2}\right)$

$$=P\left(-0.5<\dfrac{X-1}{2}\leqslant0.3\right)$$

$$=\Phi(0.3)-\Phi(-0.5)$$

$$=\Phi(0.3)+\Phi(0.5)-1$$

$$=0.6179+0.6915-1=0.3094.$$

(2) $P(|X|>2)=P(X<-2)+P(X>2)=2P(X>2)=2[1-P(X\leqslant2)]$

$$=2\left[1-P\left(\dfrac{X-1}{2}\leqslant\dfrac{1}{2}\right)\right]=2[1-\Phi(0.5)]$$

$$=2(1-0.6915)=0.617.$$

例 6 已知 $X\sim N(\mu,\sigma^2)$,试求 $P(|X-\mu|<k\sigma)$,$k=1,2,3$.

解 $P(|X-\mu|<k\sigma)=P\left(-k<\dfrac{X-\mu}{\sigma}<k\right)$

$$=\Phi(k)-\Phi(-k)$$

$$=2\Phi(k)-1=\begin{cases}0.6826, & k=1,\\ 0.9545, & k=2,\\ 0.9974, & k=3.\end{cases}$$

由此可见,服从正态分布 $N(\mu,\sigma^2)$ 的随机变量 X 落在 $(\mu-3\sigma,\mu+3\sigma)$ 内的概率为 0.9974,落在该区间外的概率只有 0.0026.说明随机变量 X 几乎不可能在 $(\mu-3\sigma,\mu+3\sigma)$ 之外取值,这一特征称为正态分布的"3σ 准则"(或三倍标准差原则,图 3-12).在工业生产实践中常用 3σ 准则来进行质量控制.

例 7 已知工厂生产某批材料,从中任取一件的强度 $X\sim N(200,18^2)$.

(1) 计算这件材料的强度高于 180 的

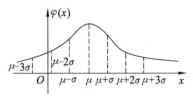

图 3-12

概率；

（2）如果要以 99％的概率保证所用材料的强度高于 150,问这批材料是否符合这个要求？

解　（1）$P(X>180)=1-P(X\leqslant 180)=1-\Phi\left(\dfrac{180-200}{18}\right)\approx 1-\Phi(-1.11)$

$$=\Phi(1.11)=0.866\ 5.$$

（2）$P(X>150)=1-P(X\leqslant 150)=1-\Phi\left(\dfrac{150-200}{18}\right)\approx\Phi(2.78)$

$$=0.997\ 3.$$

即从这批材料中任取一件,可以 99.73％（大于 99％）的概率保证所用材料的强度高于 150,所以这批材料符合所提要求.

一般来说,一个随机变量如果受到许多随机因素的影响,而其中每一个因素都不起主导作用(作用微小),则它服从正态分布,这是正态分布在实践中得以广泛应用的原因.

§3.4　随机变量的函数的分布

在分析和解决实际问题时,常要用到一些随机变量经过运算或变换得到的某些变量——随机变量的函数,它们也是随机变量. 比如,测量圆柱截面的直径 d,而关心的却是截面面积 $A=\dfrac{1}{4}\pi d^{2}$,其中随机变量 A 即为随机变量 d 的函数.本节主要阐述如何从一些已知随机变量 X 的概率分布来导出这些随机变量的函数 $Y=g(X)$ 的概率分布.下面分别就 X 为离散型和连续型两种随机变量来考察其函数 $Y=g(X)$ 的概率分布.

一、离散型随机变量的函数的分布律

若 X 是离散型随机变量,其分布律为 $P(X=x_{i})=p_{i}$,$i=1,2,\cdots$,$Y=g(X)$ 为随机变量 X 的函数,则随机变量 Y 的分布律为

$$P(Y=y_{i})=\sum_{g(x_{i})=y_{i}}P(X=x_{i}).$$

例 1　设离散型随机变量 X 的分布律为

X	-2	-1	0	1	2
$P(X=x_i)$	0.3	0.2	0.1	0.3	0.1

求：(1) $Y=2X+1$ 的分布律；

     (2) $Z=X^2$ 的分布律.

解

P	0.3	0.2	0.1	0.3	0.1
X	-2	-1	0	1	2
$2X+1$	-3	-1	1	3	5
X^2	4	1	0	1	4

于是,由表可得

$$P(2X+1=-3)=P(X=-2)=0.3,$$

$$P(2X+1=-1)=P(X=-1)=0.2,$$

$$P(2X+1=1)=P(X=0)=0.1,$$

$$P(2X+1=3)=P(X=1)=0.3,$$

$$P(2X+1=5)=P(X=2)=0.1;$$

$$P(X^2=4)=P(X=-2)+P(X=2)=0.3+0.1=0.4,$$

$$P(X^2=1)=P(X=-1)+P(X=1)=0.2+0.3=0.5,$$

$$P(X^2=0)=P(X=0)=0.1.$$

因此,可得

(1) $Y=2X+1$ 的分布律为

$2X+1$	-3	-1	1	3	5
P	0.3	0.2	0.1	0.3	0.1

(2) $Y=X^2$ 的分布律为

X^2	0	1	4
P	0.1	0.5	0.4

二、连续型随机变量的函数及其分布

设 X 是一维随机变量,$f(x)$ 为一元函数,那么 $Y=f(X)$ 也是一维随机变量,可以通过 X 的概率分布来找出 Y 的概率分布.比如,若 X 是服从正态分布 $N(\mu,\sigma^2)$ 的随机变量,为了解决计算中的查表问题,上一节中曾引入变换 $Y=\dfrac{X-\mu}{\sigma}$,这个新随机变量就是 X 的函数.

例 2　设随机变量 X 服从正态分布 $N(\mu,\sigma^2)$,它的概率密度为

$$f(x)=\frac{1}{\sqrt{2\pi}\sigma}\mathrm{e}^{-\frac{(x-\mu)^2}{2\sigma^2}},\ -\infty<x<+\infty,$$

求 $Y=\dfrac{X-\mu}{\sigma}$ 的概率密度.

解　设 Y 的分布函数为 $F_Y(y)$,则

$$\begin{aligned}
F_Y(y) &= P(Y\leqslant y) = P\left(\frac{X-\mu}{\sigma}\leqslant y\right)\\
&= P(X\leqslant \sigma y+\mu)\\
&= \int_{-\infty}^{\sigma y+\mu}\frac{1}{\sqrt{2\pi}\sigma}\mathrm{e}^{-\frac{(x-\mu)^2}{2\sigma^2}}\mathrm{d}x\\
&\xlongequal{\diamondsuit\frac{x-\mu}{\sigma}=t}\int_{-\infty}^{y}\frac{1}{\sqrt{2\pi}}\mathrm{e}^{-\frac{t^2}{2}}\mathrm{d}t.
\end{aligned}$$

从而随机变量 Y 的概率密度为

$$\varphi(x)=\frac{1}{\sqrt{2\pi}}\mathrm{e}^{-\frac{x^2}{2}},\ -\infty<x<+\infty,$$

即 $Y\sim N(0,1)$.

一般地,仿照上述做法可证得服从正态分布的随机变量的线性函数仍服从正态分布.

例 3　设 $X\sim N(0,1)$,求 $Y=X^2$ 的概率密度.

解　由 $Y=X^2$ 可知:

(1) 当 $y<0$ 时,$F_Y(y)=P(Y\leqslant y)=P(X^2\leqslant y)=0$;

(2) 当 $y\geqslant 0$ 时,$F_Y(y)=P(X^2\leqslant y)=P(-\sqrt{y}\leqslant X\leqslant\sqrt{y})$

$$=\int_{-\sqrt{y}}^{\sqrt{y}}\frac{1}{\sqrt{2\pi}}\mathrm{e}^{-\frac{t^2}{2}}\mathrm{d}t=\frac{2}{\sqrt{2\pi}}\int_{0}^{\sqrt{y}}\mathrm{e}^{-\frac{t^2}{2}}\mathrm{d}t$$

$$\xlongequal{\diamondsuit\, t^2=u}\frac{2}{\sqrt{2\pi}}\int_{0}^{y}\mathrm{e}^{-\frac{u}{2}}\frac{\mathrm{d}u}{2\sqrt{u}}=\frac{1}{\sqrt{2\pi}}\int_{0}^{y}\mathrm{e}^{-\frac{u}{2}}u^{-\frac{1}{2}}\mathrm{d}u.$$

因此,$Y=X^2$ 的分布函数为

$$F_Y(y)=\begin{cases} 0, & y<0, \\ \displaystyle\int_0^y \frac{1}{\sqrt{2\pi}}e^{-\frac{u}{2}}u^{-\frac{1}{2}}\mathrm{d}u, & y\geqslant 0. \end{cases}$$

从而,$Y=X^2$ 的概率密度函数为

$$f_Y(y)=\frac{\mathrm{d}F_Y(y)}{\mathrm{d}y}=\begin{cases} 0, & y<0, \\ \displaystyle\frac{1}{\sqrt{2\pi}}e^{-\frac{t}{2}}t^{-\frac{1}{2}}, & y\geqslant 0. \end{cases}$$

一般地,如果随机变量 Y 是随机变量 X 的函数

$$Y=g(X),$$

那么 $F_Y(y)=P(Y\leqslant y)=P(g(X)\leqslant y)=P(X\in D)$,其中 $D=\{x\,|\,g(x)\leqslant y\}$.

即通过 X 的概率分布来确定 Y 的概率分布,然后求导即得 $f_Y(y)$,关键在于用"$g(X)\leqslant y$"确定 X 的取值范围,一般情形下难以给出统一的公式,但若 $g(x)$ 是严格单调函数,则有如下结论:

定理 设随机变量 X 具有概率密度 $f_X(x)$,$-\infty<x<+\infty$,$g(x)$ 处处可导且有 $g'(x)>0$(或恒有 $g'(x)<0$),则 $Y=g(X)$ 是连续型随机变量,且其概率密度为

$$f_Y(y)=\begin{cases} f_X(h(y))\,|h'(y)|, & \alpha<y<\beta, \\ 0, & \text{其他}. \end{cases}$$

其中 $\alpha=\min\{g(-\infty),g(+\infty)\}$,$\beta=\max\{g(-\infty),g(+\infty)\}$,$h(y)$ 是 $g(x)$ 的反函数.

习 题 3

1. 试确定常数 C,使 $P(X=i)=\dfrac{C}{2^i}(i=0,1,2,3,4)$ 成为某个随机变量 X 的分布律,并求:(1) $P(X>2)$;(2) $P\left(\dfrac{1}{2}<X<\dfrac{5}{2}\right)$;(3) $P(X\leqslant 3)$.

2. 一个袋中有 5 个乒乓球,编号分别为 1,2,3,4,5,从中随机地取 3 个,以 X 表示取出的 3 个球中的最大编号,求 X 的分布律和分布函数.

3. 袋中有 6 个球,在这 6 个球上分别标有 $-3,-3,1,1,1,2$ 这样的数字,现

从袋中任取一个球,求取得的球上所标的数字 X 的分布律.

4. 在相同条件下独立地进行 5 次射击,每次射击击中目标的概率为 0.6,求击中目标的次数 X 的分布律.

5. 设某批电子管的合格率为 $\frac{3}{4}$,现对该批电子管进行测试,设第 X 次首次测到合格品,求 X 的分布律.

6. 某射手有 5 发子弹,射一次命中的概率为 0.9,如果命中了就停止射击,若未命中就一直射到子弹用尽,求耗用子弹数 X 的分布律.

7. 从一个含有 4 个红球、2 个白球的口袋中一个一个地取球,共取了 5 次,分别求下列情况下取得红球的个数 X 的分布律:

(1) 每次取出的球立即放回袋中,再取下一个球;

(2) 每次取出的球不放回袋中.

8. 一汽车沿街道行驶,需要通过三个均设有红、绿信号灯的路口,每个信号灯为红灯或绿灯相互独立,且红、绿两种信号灯显示的时间相等.以 X 表示该汽车首次遇到红灯前已通过的路口的个数,求 X 的分布律.

9. 甲、乙两人投篮,投中的概率分别为 0.6,0.7,今两人各投 3 次,求:

(1) 两人投中次数相等的概率;

(2) 甲比乙投中次数多的概率.

10. 设某公共汽车站单位时间内的候车人数 X 服从参数为 4.8 的泊松分布,求:

(1) 随机观察 1 个单位时间,至少有 3 个人候车的概率;

(2) 随机地独立观察 5 个单位时间,恰有 4 个单位时间至少有 3 个人候车的概率.

11. 某地区一个月内成年人患有某种疾病的概率为 0.005,设各人是否患病相互独立,若该地区一社区有 1 000 个成年人,求某月内该社区至少有 3 人患这种疾病的概率.

12. 设连续型随机变量 X 的分布函数为

$$F(x)=\begin{cases}0, & x<0, \\ Ax^2, & 0\leqslant x<1, \\ 1, & x\geqslant 1.\end{cases}$$

求:(1) 常数 A;

(2) X 的概率密度；

(3) $P(0.5 < X < 1.5)$.

13. 设随机变量 X 的密度函数为

$$f(x) = \begin{cases} k(1-x), & 0 < x < 1, \\ \dfrac{x}{4}, & 1 \leqslant x \leqslant 2, \\ 0, & \text{其他}. \end{cases}$$

求：(1) 常数 k；

(2) 分布函数 $F(x)$；

(3) $P(X < 1.5)$.

14. 设随机变量 X 服从区间 $(1,6)$ 上的均匀分布，求方程 $t^2 + Xt + 1 = 0$ 有实根的概率.

15. 设随机变量 $X \sim N(5,1^2)$，求：

(1) $P(X > 2.5)$；(2) $P(X < 3.52)$；(3) $P(4 < X < 6)$；(4) $P(|X-5| > 2)$.

16. 已知在早上 7:00—8:00 有两班车从 A 校区到 B 校区，出发时间分别是 7:30 和 7:50，一学生在 7:20—7:45 随机到达车站乘这两班车.

(1) 求该学生等车时间小于 10 min 的概率；

(2) 求该学生等车时间大于 5 min 又小于 15 min 的概率；

(3) 已知其候车时间大于 5 min 的条件下，求其乘上 7:30 的班车的概率.

17. 将一温度调节器放在贮存某种液体的容器内，调节器设定在 $d\,℃$，液体温度 $X(℃)$ 是一随机变量，且 $X \sim N(d,0.5^2)$.

(1) 若 $d=90$，求 $P(X < 89)$；

(2) 若要求保持液体温度至少为 80℃ 的概率不低于 0.99，问 d 至少为多少？

18. 设某一地段相邻两次交通事故的间隔时间 X（单位：h）服从参数 $\lambda = \dfrac{1}{6.5}$ 的指数分布.

(1) 求 8 h 内该地段没有发生交通事故的概率；

(2) 已知已过去的 8 h 中该地段没有发生交通事故，求在未来的 2 h 内不发生交通事故的概率.

19. 设随机变量 X 的概率分布为

X	-2	-1	0	1	3
P	$\dfrac{1}{5}$	$\dfrac{1}{6}$	$\dfrac{1}{5}$	$\dfrac{1}{15}$	$\dfrac{11}{30}$

求 $Y=X^2+1$ 的分布律.

20. 已知随机变量 X 的密度函数为

$$f(x)=\begin{cases} c(4-x)^2, & -1<x<2, \\ 0, & \text{其他}. \end{cases}$$

(1) 求常数 c 的值；

(2) 设 $Y=3X$，求 Y 的密度函数.

21. 设随机变量 $X\sim N(0,1)$，求：

(1) $Y=\mathrm{e}^X$ 的概率密度；

(2) $Y=|X|$ 的概率密度.

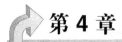

二维随机变量

在许多实际问题中,随机试验的结果往往要用多个随机变量来描述.要研究这些随机变量之间的联系,就应当同时考虑各随机变量,即需要将多个随机变量看作一个整体——多维随机变量,研究考察其取值的规律——多维联合分布.本章将重点讨论二维随机变量的情形,多于二维的情形可作类似讨论.

§4.1 二维随机变量及其分布

某电子仪器由两个部件构成,以 X 和 Y 分别表示这两个部件的使用寿命,要研究该电子仪器的使用寿命,需要用两个部件的使用寿命 X 和 Y 同时、联合描述,即要对二维有序数组 (X,Y) 的取值规律进行研究.

定义 1 设 U 是随机试验 E 的样本空间,若 $X=X(\omega),Y=Y(\omega)$ 是定义在 U 上的随机变量,则称二维向量 $(X(\omega),Y(\omega))$ 为**二维随机变量**.对任意实数 x, y,称二元函数

$$F(x,y)=P(X\leqslant x,Y\leqslant y)$$

为**二维随机变量 (X,Y) 的联合分布函数**.

若 (X,Y) 表示直角坐标面上的随机点的坐标,则分布函数 $F(x,y)$ 在 (x,y) 处的函数值就表示 (X,Y) 落在图 4-1 中阴影部分的概率.

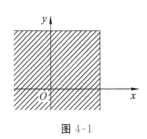

图 4-1

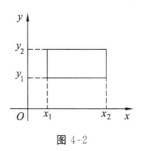

图 4-2

这时,点(X,Y)落入任一矩形区域$\{x_1<X\leqslant x_2,y_1<Y\leqslant y_2\}$(图 4-2)中的概率可由概率的性质求得

$$P(x_1<X\leqslant x_2,y_1<Y\leqslant y_2)=F(x_2,y_2)-F(x_2,y_1)-F(x_1,y_2)+F(x_1,y_1).$$

类似于一维随机变量的分布函数,可以证明$F(x,y)$具有下述性质:

(1) 正规性:$0\leqslant F(x,y)\leqslant 1$,且对任意的$x$和$y$,有

$$F(-\infty,y)=\lim_{x\to-\infty}F(x,y)=0,$$

$$F(x,-\infty)=\lim_{y\to-\infty}F(x,y)=0,$$

$$F(-\infty,-\infty)=\lim_{\substack{x\to-\infty\\y\to-\infty}}F(x,y)=0,$$

$$F(+\infty,+\infty)=\lim_{\substack{x\to+\infty\\y\to+\infty}}F(x,y)=1.$$

(2) 单调性:$F(x,y)$是x或y的单调不减函数,即

对任意固定的y,当$x_1<x_2$时,$F(x_1,y)\leqslant F(x_2,y)$;

对任意固定的x,当$y_1<y_2$时,$F(x,y_1)\leqslant F(x,y_2)$.

(3) 右连续性:$F(x,y)$对x或y均是右连续的,即

$$F(x+0,y)=F(x,y),\ F(x,y+0)=F(x,y).$$

(4) 相容性:对任意(x_1,y_1)和(x_2,y_2)(其中$x_1<x_2,y_1<y_2$),有

$$F(x_2,y_2)-F(x_1,y_2)-F(x_2,y_1)+F(x_1,y_1)\geqslant 0.$$

反之,具有上述四条性质的二元函数$F(x,y)$,必定可作为某二维随机变量的联合分布函数.

一、二维离散型随机变量的联合分布律

设(X,Y)为一个二维随机变量,若它可能取值为有限对或可列无限多对,则称(X,Y)是二维离散型随机变量.

定义 2　设二维随机变量(X,Y)的所有可能取值为$(x_i,y_j),i,j=1,2,\cdots,$

称取这些值的概率

$$P(X=x_i, Y=y_j) = p_{ij} (i,j=1,2,\cdots)$$

为**二维随机变量**(X,Y)**的联合分布律**(或**分布密度**),简称**分布律**.

二维离散型随机变量(X,Y)的联合分布律也常用下列表格来表示:

X \ Y	y_1	y_2	$\cdots$	y_j	$\cdots$
x_1	p_{11}	p_{12}	$\cdots$	p_{1j}	$\cdots$
x_2	p_{21}	p_{22}	$\cdots$	p_{2j}	$\cdots$
$\vdots$	$\vdots$	$\vdots$		$\vdots$	
x_i	p_{i1}	p_{i2}	$\cdots$	p_{ij}	$\cdots$
$\vdots$	$\vdots$	$\vdots$		$\vdots$	

二维离散型随机变量的联合分布律具有如下性质:

(1) $p_{ij} \geqslant 0 \ (i,j=1,2,\cdots)$;

(2) $\displaystyle\sum_{i=1}^{\infty} \sum_{j=1}^{\infty} p_{ij} = 1.$

从而(X,Y)的分布函数为

$$F(x,y) = P(X \leqslant x, Y \leqslant y) = \sum_{x_i \leqslant x} \sum_{y_j \leqslant y} p_{ij}.$$

例1 袋中有三个球,标记为 1,2,3 号,从中不放回地依次取两个球. X 表示第一次取到的球的号码,Y 表示两次取球号码差的绝对值,求:

(1) (X,Y)的联合分布律;

(2) $P(X=Y)$;

(3) (X,Y)的二维分布函数值 $F(2.1,1)$.

解 易见 $X=1,2,3, Y=1,2.$

(1) $p_{11} = P(X=1, Y=1) = \dfrac{1}{3} \times \dfrac{1}{2} = \dfrac{1}{6}$,

$\quad p_{12} = P(X=1, Y=2) = \dfrac{1}{3} \times \dfrac{1}{2} = \dfrac{1}{6}$,

$\quad p_{21} = P(X=2, Y=1) = \dfrac{1}{3}$,

$\quad p_{22} = P(X=2, Y=2) = P(\varnothing) = 0$,

$\quad p_{31} = P(X=3, Y=1) = \dfrac{1}{6}$,

$$p_{32} = P(X = 3, Y = 2) = \frac{1}{6}.$$

故 (X, Y) 的联合分布律为

X \ Y	1	2
1	$\frac{1}{6}$	$\frac{1}{6}$
2	$\frac{1}{3}$	0
3	$\frac{1}{6}$	$\frac{1}{6}$

(2) $P(X = Y) = P(X = 1, Y = 1) + P(X = 2, Y = 2) = \frac{1}{6} + 0 = \frac{1}{6}.$

(3) $F(2.1, 1) = P(X \leqslant 2.1, Y \leqslant 1)$

$$= P(X = 1, Y = 1) + P(X = 2, Y = 1) = \frac{1}{6} + \frac{1}{3} = \frac{1}{2}.$$

二、二维连续型随机变量的联合概率密度

与一维连续型随机变量类似,给出如下二维连续型随机变量 (X, Y) 及其概率密度函数的定义:

定义 3　设 $F(x, y)$ 为二维随机变量 (X, Y) 的分布函数,如果存在一个非负函数 $f(x, y)$,使得对任意实数 x, y,有

$$F(x, y) = \int_{-\infty}^{x} \int_{-\infty}^{y} f(u, v) \mathrm{d}u \mathrm{d}v,$$

则称 (X, Y) 是**二维连续型随机变量**,函数 $f(x, y)$ 称为**二维随机变量 (X, Y) 的联合概率密度**(也称**分布密度**)函数,简称**联合概率密度**.

由分布函数的性质可知,二维随机变量的联合概率密度具有以下性质:

(1) $f(x, y) \geqslant 0$.

(2) $\int_{-\infty}^{+\infty} \int_{-\infty}^{+\infty} f(x, y) \mathrm{d}x \mathrm{d}y = 1 = F(+\infty, +\infty).$

反之,任一具有上述性质(1)和(2)的二元函数 $f(x, y)$,必定可以作为某个二维随机变量的联合概率密度.

(3) 若 $f(x, y)$ 在点 (x, y) 处连续,则

$$\frac{\partial^2 F(x,y)}{\partial x \partial y} = f(x,y).$$

$f(x,y)$ 反映单位面积上的概率,所以称作**概率密度**.

(4) 若 G 是 xOy 平面上的某一区域,则

$$P((X,Y) \in G) = \iint\limits_{G} f(x,y)\mathrm{d}x\mathrm{d}y.$$

例 2 设二维随机变量 (X,Y) 具有概率密度

$$f(x,y) = \begin{cases} ce^{-(x+y)}, & x>0, y>0, \\ 0, & \text{其他.} \end{cases}$$

求:(1) 常数 c;

(2) (X,Y) 的联合分布函数 $F(x,y)$;

(3) (X,Y) 落在 G 内的概率,其中 $G = \{(x,y) \mid 0 \leqslant x \leqslant 1, 0 \leqslant y \leqslant 2-2x\}$.

解 (1) 据联合概率密度的性质(2)得

$$1 = \int_{-\infty}^{+\infty}\int_{-\infty}^{+\infty} f(x,y)\mathrm{d}x\mathrm{d}y = \int_{0}^{+\infty}\int_{0}^{+\infty} ce^{-(x+y)}\mathrm{d}x\mathrm{d}y$$

$$= c\int_{0}^{+\infty} e^{-x}\mathrm{d}x\int_{0}^{+\infty} e^{-y}\mathrm{d}y = c,$$

所以 $c=1$.

(2) 当 $x>0, y>0$ 时,

$$F(x,y) = \int_{-\infty}^{x}\int_{-\infty}^{y} f(x,y)\mathrm{d}u\mathrm{d}v = \int_{0}^{x}\int_{0}^{y} e^{-(u+v)}\mathrm{d}u\mathrm{d}v$$

$$= \int_{0}^{x} e^{-u}\mathrm{d}u\int_{0}^{y} e^{-v}\mathrm{d}v = (1-e^{-x})(1-e^{-y}).$$

当 x,y 取其他值时,由于 $f(x,y)=0$,故 $F(x,y)=0$. 所以 (X,Y) 的联合分布函数为

$$F(x,y) = \begin{cases} (1-e^{-x})(1-e^{-y}), & x>0, y>0, \\ 0, & \text{其他.} \end{cases}$$

(3) 如图 4-3 所示, $P((x,y) \in G) = \iint\limits_{G} f(x,y)\mathrm{d}x\mathrm{d}y$

$$= \int_{0}^{1}\mathrm{d}x\int_{0}^{2-2x} e^{-(x+y)}\mathrm{d}y$$

$$\approx 0.399\ 6.$$

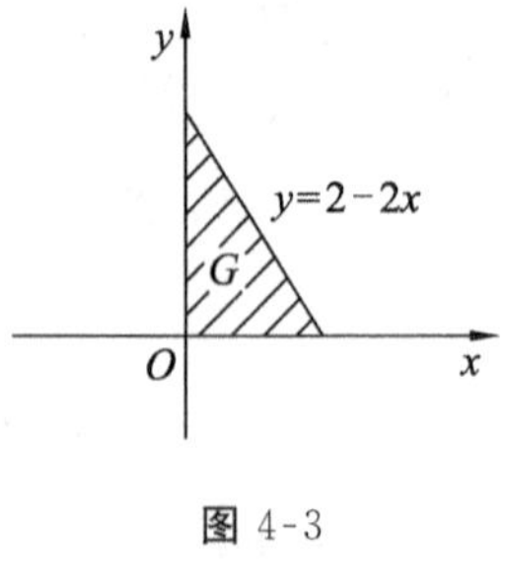

图 4-3

§4.2　边缘分布

二维随机变量 (X,Y) 中的随机变量 X 和 Y 各自有自己的概率分布,自然也有自己的分布函数和概率密度,下面研究如何从 (X,Y) 的联合概率分布寻求 X 和 Y 的概率分布.

一、二维离散型随机变量的边缘分布

定义　设二维离散型随机变量 (X,Y) 的联合分布律为

$$P(X=x_i,Y=y_j)=p_{ij}(i,j=1,2,\cdots),$$

若记
$$p_{i\cdot}=\sum_j p_{ij}(i=1,2,\cdots),\tag{1}$$

$$p_{\cdot j}=\sum_i p_{ij}(j=1,2,\cdots),\tag{2}$$

则分别称(1)和(2)为随机变量 X 和 Y 的**边缘分布律(边际分布律)**.

例 1　设二维随机变量 (X,Y) 的联合分布律为

X \ Y	-1	1	2
0	$\dfrac{1}{12}$	0	$\dfrac{3}{12}$
$\dfrac{3}{2}$	$\dfrac{2}{12}$	$\dfrac{1}{12}$	$\dfrac{1}{12}$
2	$\dfrac{3}{12}$	$\dfrac{1}{12}$	0

求关于 X 及关于 Y 的边缘分布律.

解　因为 $P(X=0)=P(X=0,Y=-1)+P(X=0,Y=1)+P(X=0,Y=2)$

$$=\frac{1}{12}+0+\frac{3}{12}=\frac{1}{3},$$

$$P\left(X=\frac{3}{2}\right)=P\left(X=\frac{3}{2},Y=-1\right)+P\left(X=\frac{3}{2},Y=1\right)+P\left(X=\frac{3}{2},Y=2\right)$$

$$=\frac{2}{12}+\frac{1}{12}+\frac{1}{12}=\frac{1}{3},$$

$$P(X=2)=P(X=2,Y=-1)+P(X=2,Y=1)+P(X=2,Y=2)$$

$$=\frac{3}{12}+\frac{1}{12}+0=\frac{1}{3},$$

所以关于 X 的边缘分布律如下表：

X	0	$\frac{3}{2}$	2
$p_i.$	$\frac{1}{3}$	$\frac{1}{3}$	$\frac{1}{3}$

关于 Y 的边缘分布律类似可求，如下表：

Y	-1	1	2
$p._j$	$\frac{1}{2}$	$\frac{1}{6}$	$\frac{1}{3}$

关于 X 和关于 Y 的边缘分布律也可描述如下：

X \ Y	-1	1	2	$p_i.$
0	$\frac{1}{12}$	0	$\frac{3}{12}$	$\frac{1}{3}$
$\frac{3}{2}$	$\frac{2}{12}$	$\frac{1}{12}$	$\frac{1}{12}$	$\frac{1}{3}$
2	$\frac{3}{12}$	$\frac{1}{12}$	0	$\frac{1}{3}$
$p._j$	$\frac{1}{2}$	$\frac{1}{6}$	$\frac{1}{3}$	1

二、二维连续型随机变量的边缘分布

设 (X,Y) 是二维连续型随机变量，其联合概率密度为 $f(x,y)$，事件 $\{X\leqslant x\}$ 即指事件 $\{X\leqslant x,Y<+\infty\}$，因此由 (X,Y) 的分布函数就可以定出随机变量 X 和 Y 的分布函数：

$$F_X(x)=P(X\leqslant x)=P(X\leqslant x,Y<+\infty)=F(x,+\infty)=\int_{-\infty}^{x}\int_{-\infty}^{+\infty}f(u,v)\mathrm{d}u\mathrm{d}v,$$

(3)

$$F_Y(y)=P(Y\leqslant y)=P(X<+\infty,Y\leqslant y)=F(+\infty,y)=\int_{-\infty}^{y}\int_{-\infty}^{+\infty}f(u,v)\mathrm{d}u\mathrm{d}v,$$

$$(4)$$

称 $F_X(x),F_Y(y)$ 为**二维连续型随机变量的边缘分布函数**.

据(3)式可见,关于随机变量 X 的概率密度为

$$f_X(x)=\frac{\mathrm{d}F_X(x)}{\mathrm{d}x}=\int_{-\infty}^{+\infty}f(x,v)\mathrm{d}v=\int_{-\infty}^{+\infty}f(x,y)\mathrm{d}y.$$

同样,关于随机变量 Y 的概率密度为

$$f_Y(y)=\frac{\mathrm{d}F_Y(y)}{\mathrm{d}y}=\int_{-\infty}^{+\infty}f(x,y)\mathrm{d}x.$$

分别称 $f_X(x),f_Y(y)$ 为**二维连续型随机变量 (X,Y) 的边缘概率密度**.

例 2 设 (X,Y) 服从平面区域 A 上的均匀分布,即它的联合概率密度为

$$f(x,y)=\begin{cases}\dfrac{1}{S(A)}, & (x,y)\in A,\\ 0, & 其他.\end{cases}$$

其中 A 是 x 轴、y 轴及直线 $x+\dfrac{y}{2}=1$ 所围成的三角形闭区域(图 4-4),区域 A 的面积为 $S(A),0<S(A)<+\infty$,求关于 X 及关于 Y 的边缘概率密度.

解 由 $S(A)=1$ 可得

$$f(x,y)=\begin{cases}1, & (x,y)\in A,\\ 0, & 其他.\end{cases}$$

则关于 X 的边缘概率密度为

$$f_X(x)=\begin{cases}\displaystyle\int_0^{2(1-x)}1\mathrm{d}y=2(1-x), & 0\leqslant x\leqslant 1,\\ 0, & 其他.\end{cases}$$

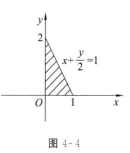

图 4-4

关于 Y 的边缘概率密度为

$$f_Y(y)=\begin{cases}\displaystyle\int_0^{1-\frac{y}{2}}1\mathrm{d}x=1-\frac{y}{2}, & 0\leqslant y\leqslant 2,\\ 0, & 其他.\end{cases}$$

例 3 设 (X,Y) 服从二维正态分布,它的联合概率密度为

$$f(x,y)=\frac{1}{2\pi\sqrt{1-\rho^2}}\mathrm{e}^{-\frac{1}{2(1-\rho^2)}(x^2-2\rho xy+y^2)}\quad(x,y\in\mathbf{R}),$$

其中参数 $|\rho|<1$,求关于 X 和关于 Y 的边缘概率密度.

解 设关于 X 的概率密度为 $f_X(x)$，则

$$f_X(x) = \int_{-\infty}^{+\infty} f(x,y)\mathrm{d}y$$

$$= \int_{-\infty}^{+\infty} \frac{1}{2\pi\sqrt{1-\rho^2}} \mathrm{e}^{-\frac{x^2-2\rho xy+y^2}{2(1-\rho^2)}} \mathrm{d}y$$

$$= \frac{\mathrm{e}^{-\frac{x^2}{2}}}{2\pi} \int_{-\infty}^{+\infty} \frac{1}{\sqrt{1-\rho^2}} \mathrm{e}^{-\frac{(y-\rho x)^2}{2(1-\rho^2)}} \mathrm{d}y.$$

令 $v = \dfrac{y-\rho x}{\sqrt{1-\rho^2}}$，于是

$$f_X(x) = \frac{\mathrm{e}^{-\frac{x^2}{2}}}{2\pi} \int_{-\infty}^{+\infty} \mathrm{e}^{-\frac{v^2}{2}} \mathrm{d}v = \frac{1}{\sqrt{2\pi}} \mathrm{e}^{-\frac{x^2}{2}} \quad (-\infty < x < +\infty).$$

故关于 X 的边缘分布为 $N(0,1)$.

同理,类似可得关于 Y 的边缘概率密度为

$$f_Y(y) = \frac{1}{\sqrt{2\pi}} \mathrm{e}^{-\frac{y^2}{2}} \quad (-\infty < y < +\infty),$$

即关于 Y 的边缘分布也是 $N(0,1)$.

以上计算表明,二维正态分布的两个边缘分布都是一维正态分布,且它们都不依赖于参数 ρ. 这说明二维随机变量即使联合分布不同,边缘分布也可能相同,而且由二维随机变量的联合分布可以确定边缘分布.反之,单由 X 和 Y 的边缘分布,一般来说是不能确定二维随机变量 (X,Y) 的联合分布的.

§4.3 随机变量的相互独立性

在第 2 章中曾经指出,当两个随机事件互不影响时,称它们是相互独立的.现把这个概念推广到随机变量上.

若随机变量 X,Y 满足下列条件: $S_1, S_2 \subset \mathbf{R}$, 如果随机事件 $\{X \in S_1\}$, $\{Y \in S_2\}$ 相互独立,则称随机变量 X,Y 相互独立. 设 $S_1 = (-\infty, x]$, $S_2 = (-\infty, y]$, 则 X,Y 相互独立的充要条件是

$$P(X \leqslant x, Y \leqslant y) = P(X \leqslant x)P(Y \leqslant y).$$

定义 设二维随机变量 (X,Y) 的联合分布函数为 $F(x,y)$, X 与 Y 的边缘

分布函数为 $F_X(x),F_Y(y)$,若对任意的 $(x,y)\in\mathbf{R}^2$,有

$$F(x,y)=F_X(x)F_Y(y)$$

成立,则称随机变量 X 与 Y 是**相互独立**的.

定理 1　设 (X,Y) 是二维离散型随机变量,其联合分布律及关于 X 与 Y 的边缘分布律如下表所示:

X＼Y	y_1	y_2	$\cdots$	y_j	$\cdots$	$p_i.$
x_1	p_{11}	p_{12}	$\cdots$	p_{1j}	$\cdots$	$p_1.$
x_2	p_{21}	p_{22}	$\cdots$	p_{2j}	$\cdots$	$p_2.$
$\vdots$	$\vdots$	$\vdots$		$\vdots$		$\vdots$
x_i	p_{i1}	p_{i2}	$\cdots$	p_{ij}	$\cdots$	$p_i.$
$\vdots$	$\vdots$	$\vdots$		$\vdots$		$\vdots$
$p._j$	$p._1$	$p._2$	$\cdots$	$p._j$	$\cdots$	1

则随机变量 X 和 Y 相互独立的充分必要条件是

$$P(X=x_i,Y=y_j)=P(X=x_i)P(Y=y_j),$$

即对所有的 i,j,都有 $p_{ij}=p_i.\cdot p._j.$

定理 2　设 (X,Y) 是二维连续型随机变量,$f(x,y)$ 是其联合概率密度,$f_X(x)$ 及 $f_Y(y)$ 分别是关于 X 和 Y 的边缘概率密度,则 X 和 Y 相互独立的充分必要条件是对任意实数 x,y,都有

$$f(x,y)=f_X(x)f_Y(y).$$

证　先证必要性.

若 X 和 Y 相互独立,则有

$$F(x,y)=F_X(x)F_Y(y),$$

而

$$F(x,y)=\int_{-\infty}^{x}\int_{-\infty}^{y}f(u,v)\mathrm{d}u\mathrm{d}v,$$

且

$$F_X(x)F_Y(y)=\int_{-\infty}^{x}f_X(u)\mathrm{d}u\int_{-\infty}^{y}f_Y(v)\mathrm{d}v=\int_{-\infty}^{x}\int_{-\infty}^{y}f_X(u)f_Y(v)\mathrm{d}u\mathrm{d}v,$$

所以

$$f(x,y)=f_X(x)f_Y(y).$$

再证充分性.

对任意实数 x,y，若 $f(x,y)=f_X(x)f_Y(y)$，则

$$\int_{-\infty}^{x}\int_{-\infty}^{y} f(u,v)\mathrm{d}u\mathrm{d}v = \int_{-\infty}^{x}\int_{-\infty}^{y} f_X(u)f_Y(v)\mathrm{d}u\mathrm{d}v$$

$$= \int_{-\infty}^{x} f_X(u)\mathrm{d}u\int_{-\infty}^{y} f_Y(v)\mathrm{d}v.$$

即 $F(x,y)=F_X(x)F_Y(y)$，所以 X 和 Y 相互独立.

由此可知，要判断连续型随机变量 X 与 Y 是否相互独立，只要验证 $f_X(x)f_Y(y)$ 是否为二维随机变量 (X,Y) 的联合概率密度 $f(x,y)$ 就可以了. 一般来说，这是比较容易做到的.

例 1 设 (X,Y) 的联合分布律为

X＼Y	1	2	3
1	$\frac{1}{10}$	$\frac{1}{20}$	$\frac{1}{10}$
2	$\frac{1}{10}$	$\frac{1}{20}$	$\frac{1}{10}$
3	$\frac{1}{5}$	$\frac{1}{10}$	$\frac{1}{5}$

证明：X 与 Y 相互独立.

证 由 (X,Y) 的联合分布律分别可得 X,Y 的边缘分布律如下：

X	1	2	3
$p_{i\cdot}$	$\frac{1}{4}$	$\frac{1}{4}$	$\frac{1}{2}$

Y	1	2	3
$p_{\cdot j}$	$\frac{2}{5}$	$\frac{1}{5}$	$\frac{2}{5}$

容易验证 $p_{ij}=p_{i\cdot}\cdot p_{\cdot j}(i,j=1,2,3)$ 都成立，所以 X 和 Y 相互独立.

例 2 若 (X,Y) 满足 §4.2 例 3 中条件，证明：X,Y 相互独立的充要条件为 $\rho=0$.

证 设 $\rho=0$，此时 (X,Y) 的联合密度为

$$f(x,y)=\frac{1}{2\pi}\mathrm{e}^{-\frac{1}{2}(x^2+y^2)}, \quad (x,y)\in \mathbf{R}^2.$$

据 §4.2 例 3 计算的结果知，X,Y 的边缘概率密度分别为

$$f_X(x) = \frac{1}{\sqrt{2\pi}} \mathrm{e}^{-\frac{x^2}{2}},$$

$$f_Y(y) = \frac{1}{\sqrt{2\pi}} \mathrm{e}^{-\frac{y^2}{2}}.$$

可见 $f(x,y) = f_X(x) f_Y(y)$. 因此 X, Y 相互独立.

反之, 设 X, Y 相互独立, 那么对任意 $(x,y) \in \mathbf{R}^2$, $f(x,y) \equiv f_X(x) f_Y(y)$, 即

$$\frac{1}{2\pi\sqrt{1-\rho^2}} \mathrm{e}^{-\frac{x^2-2\rho xy+y^2}{2(1-\rho^2)}} = \frac{1}{\sqrt{2\pi}} \mathrm{e}^{-\frac{x^2}{2}} \cdot \frac{1}{\sqrt{2\pi}} \mathrm{e}^{-\frac{y^2}{2}}, \ (x,y) \in \mathbf{R}^2.$$

令 $x=0, y=0$, 等式即可化为

$$\frac{1}{2\pi\sqrt{1-\rho^2}} = \frac{1}{2\pi},$$

从而

$$\rho = 0.$$

§4.4* 条件分布

当 $P(B) > 0$ 时, 在事件 B 发生的条件下, 事件 A 发生的概率为

$$P(A \mid B) = \frac{P(AB)}{P(B)} \ (P(B) > 0).$$

以事件的条件概率公式为基础, 类似地可以定义二维随机变量的条件分布.

一、二维离散型随机变量的条件分布

设 (X,Y) 为二维离散型随机变量, 其联合分布律为

$$P(X=x_i, Y=y_j) = p_{ij} \ (i,j=1,2,\cdots),$$

对固定的 j, 若 $P(Y=y_j) > 0$, 则称

$$P(X=x_i \mid Y=y_j) = \frac{P(X=x_i, Y=y_j)}{P(Y=y_j)} = \frac{p_{ij}}{p_{\cdot j}} \ (i=1,2,\cdots)$$

为在 $Y=y_j$ 的条件下随机变量 X 的条件分布律.

同样地, 对固定的 i, 若 $P(X=x_i) > 0$, 则称

$$P(Y=y_j \mid X=x_i) = \frac{P(X=x_i, Y=y_j)}{P(X=x_i)} = \frac{p_{ij}}{p_{i\cdot}} \ (j=1,2,\cdots)$$

为在 $X=x_i$ 的条件下随机变量 Y 的条件分布律.

例 1 已知二维离散型随机变量的联合分布律为

X \ Y	1	2
1	$\frac{1}{6}$	$\frac{1}{6}$
2	$\frac{1}{3}$	0
3	$\frac{1}{6}$	$\frac{1}{6}$

求关于 X 的诸条件的条件分布律.

解 因为

X \ Y	1	2	$p_i.$
1	$\frac{1}{6}$	$\frac{1}{6}$	$\frac{1}{3}$
2	$\frac{1}{3}$	0	$\frac{1}{3}$
3	$\frac{1}{6}$	$\frac{1}{6}$	$\frac{1}{3}$
$p._j$	$\frac{2}{3}$	$\frac{1}{3}$	1

故在条件 $\{X=1\}$ 下随机变量 Y 的条件分布律为

Y	1	2
$\dfrac{p_{1j}}{p_1.}$	$\frac{1}{2}$	$\frac{1}{2}$

在条件 $\{X=2\}$ 下随机变量 Y 的条件分布律为

Y	1	2
$\dfrac{p_{2j}}{p_2.}$	1	0

在条件$\{X=3\}$下随机变量 Y 的条件分布律为

Y	1	2
$\dfrac{p_{3j}}{p_3.}$	$\dfrac{1}{2}$	$\dfrac{1}{2}$

二、二维连续型随机变量的条件分布

设(X,Y)为一个连续型随机变量,由于对任意 x,y,$P(X=x)=P(Y=y)=0$,所以不能直接利用条件概率公式来处理连续型随机变量的情形. 但是,对任意 $\varepsilon>0$,若 $P(y-\varepsilon<Y\leqslant y+\varepsilon)>0$,则受离散型随机变量条件分布律求解的启发,有

$$P(X\leqslant x\mid y-\varepsilon<Y\leqslant y+\varepsilon)=\frac{P(X\leqslant x,y-\varepsilon<Y\leqslant y+\varepsilon)}{P(y-\varepsilon<Y\leqslant y+\varepsilon)}.$$

上述条件概率当 $\varepsilon\to 0$ 时的极限存在,自然可以将此极限用于定义 $Y=y$ 条件下随机变量 X 的条件分布函数,记作

$$F_{X|Y}(x\mid y)=\lim_{\varepsilon\to 0}P(X\leqslant x\mid y-\varepsilon<Y\leqslant y+\varepsilon)$$
$$=\lim_{\varepsilon\to 0}\frac{P(X\leqslant x,y-\varepsilon<Y\leqslant y+\varepsilon)}{P(y-\varepsilon<Y\leqslant y+\varepsilon)}.$$

定义　设二维连续型随机变量(X,Y)的联合概率密度为 $f(x,y)$,若(X,Y)关于随机变量 Y 的边缘概率密度为 $f_Y(y)>0$,则称$\dfrac{f(x,y)}{f_Y(y)}$为在 $Y=y$ 的条件下 X 的条件概率密度,记作

$$f_{X|Y}(x\mid y)=\frac{f(x,y)}{f_Y(y)}.$$

在 $Y=y$ 的条件下 X 的条件分布函数为

$$F_{X|Y}(x\mid y)=\int_{-\infty}^{x}\frac{f(u,y)}{f_Y(y)}\mathrm{d}u.$$

类似地,称

$$f_{Y|X}(y\mid x)=\frac{f(x,y)}{f_X(x)}$$

为在 $X=x$ 条件下 Y 的条件概率密度,

$$F_{Y|X}(y\mid x)=\int_{-\infty}^{y}\frac{f(x,v)}{f_X(x)}\mathrm{d}v$$

为在 $X=x$ 条件下 Y 的条件分布函数.

显然,上述定义中的条件概率密度和条件分布函数均满足一般一维随机变量的概率密度和分布函数的性质.

例 2 已知 (X,Y) 的联合概率密度为

$$f(x,y)=\begin{cases}\dfrac{21}{4}x^2y, & x^2<y<1,\\[2mm] 0, & \text{其他}.\end{cases}$$

求：(1) 条件概率密度 $f_{Y|X}(y|x)$；

(2) 条件概率 $P\left(Y>\dfrac{1}{3}\,\Big|\,X=-\dfrac{1}{3}\right)$.

解 (X,Y) 的联合概率密度的非零区域图如图 4-5 所示.

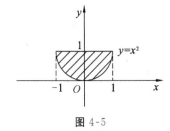

图 4-5

(1) $f_X(x)=\displaystyle\int_{-\infty}^{+\infty}f(x,y)\mathrm{d}y=\begin{cases}\displaystyle\int_{x^2}^{1}\dfrac{21}{4}x^2y\mathrm{d}y, & -1<x<1,\\[3mm] 0, & \text{其他}\end{cases}$

$$=\begin{cases}\dfrac{21}{8}x^2(1-x^4), & -1<x<1,\\[2mm] 0, & \text{其他}.\end{cases}$$

当 $-1<x<1$ 时,

$$f_{Y|X}(y|x)=\frac{f(x,y)}{f_X(x)}=\begin{cases}\dfrac{2y}{1-x^4}, & x^2<y<1,\\[2mm] 0, & \text{其他}.\end{cases}$$

(2) 因为

$$f_{Y|X}\left(y\,\Big|\,x=-\frac{1}{3}\right)=\begin{cases}\dfrac{2y}{1-\dfrac{1}{81}}, & \dfrac{1}{9}<y<1,\\[3mm] 0, & \text{其他},\end{cases}$$

故

$$P\left(Y > \frac{1}{3} \,\middle|\, X = -\frac{1}{3}\right) = \int_{\frac{1}{3}}^{+\infty} f_{Y|X}\left(y \,\middle|\, x = -\frac{1}{3}\right) \mathrm{d}y = \int_{\frac{1}{3}}^{1} \frac{2y}{1 - \frac{1}{81}} \mathrm{d}y = \frac{9}{10}.$$

§4.5　二维随机变量的函数及其分布

在分析和解决实际问题时,经常要用到由一些二维随机变量经过运算或变换而得的某些随机变量——随机变量的函数. 例如,炮弹弹着点(X,Y)是二维随机变量,但我们往往对点(X,Y)与靶心 O 的距离 $Z = \sqrt{X^2 + Y^2}$ 更感兴趣,Z 也是一个随机变量,因而也有自己的分布. 本节我们就来讨论如何从一些二维随机变量的分布导出这些随机变量的函数的分布.

一、二维离散型随机变量的函数的分布律

设(X,Y)是二维离散型随机变量,其分布律为

$$P(X = x_i, Y = y_j) = p_{ij}(i, j = 1, 2, \cdots),$$

则 X, Y 的函数 $Z = g(X, Y)$ 也是离散型随机变量,且其分布律为

$$P(Z = z_k) = \sum_{g(x_i, y_j) = z_k} P(X = x_i, Y = y_j) \ (k = 1, 2, \cdots).$$

例 1　设二维随机变量(X,Y)的联合分布律为

X ＼ Y	-1	0
-1	$\dfrac{1}{4}$	$\dfrac{1}{4}$
1	$\dfrac{1}{6}$	$\dfrac{1}{8}$
2	$\dfrac{1}{8}$	$\dfrac{1}{12}$

求 $X + Y, XY, \dfrac{Y}{X}$ 的分布律.

解　根据(X,Y)的联合分布律可得如下表格:

P	$\frac{1}{4}$	$\frac{1}{4}$	$\frac{1}{6}$	$\frac{1}{8}$	$\frac{1}{8}$	$\frac{1}{12}$
(X,Y)	$(-1,-1)$	$(-1,0)$	$(1,-1)$	$(1,0)$	$(2,-1)$	$(2,0)$
$X+Y$	-2	-1	0	1	1	2
XY	1	0	-1	0	-2	0
$\frac{Y}{X}$	1	0	-1	0	$-\frac{1}{2}$	0

即得 $X+Y$ 的分布律为

$X+Y$	-2	-1	0	1	2
P	$\frac{1}{4}$	$\frac{1}{4}$	$\frac{1}{6}$	$\frac{1}{4}$	$\frac{1}{12}$

XY 的分布律为

XY	-2	-1	0	1
P	$\frac{1}{8}$	$\frac{1}{6}$	$\frac{11}{24}$	$\frac{1}{4}$

$\dfrac{Y}{X}$ 的分布律为

$\frac{Y}{X}$	-1	$-\frac{1}{2}$	0	1
P	$\frac{1}{6}$	$\frac{1}{8}$	$\frac{11}{24}$	$\frac{1}{4}$

特殊地,设二维离散型随机变量 (X,Y) 的联合分布律为
$$P(X=x_i,Y=y_j)=p_{ij},$$
若 X,Y 是相互独立的,则 $Z=X+Y$ 的分布律
$$P(Z=z_k) = \sum_i P(X=x_i,Y=z_k-x_i)$$
$$= \sum_i P(X=x_i)P(Y=z_k-x_i)$$
或
$$P(Z=z_k) = \sum_j P(X=z_k-y_j,Y=y_j)$$
$$= \sum_j P(X=z_k-y_j)P(Y=y_j)$$

称为**离散型卷积公式**.

利用离散型卷积公式可以证明二项分布和泊松分布具有如下的可加性:

(1) 若 X 与 Y 相互独立，并且 $X \sim B(n_1, p)$，$Y \sim B(n_2, p)$，则 $X+Y \sim B(n_1+n_2, p)$；

(2) 若 X 与 Y 相互独立，并且 $X \sim P(\lambda_1)$，$Y \sim P(\lambda_2)$，则 $X+Y \sim P(\lambda_1+\lambda_2)$.

二、二维连续型随机变量函数的分布

设二维连续型随机变量(X,Y)的联合概率密度为 $f(x,y)$，对于平面上的二元实函数 $g(x,y)$，则一维随机变量 $Z=g(X,Y)$的概率分布即可由(X,Y)的联合分布所确定. 类似于求解一维随机变量函数的概率密度，一般可以从求 Z 的分布函数出发，将 Z 的分布函数转化为(X,Y)的事件的概率，利用(X,Y)的联合概率密度 $f(x,y)$计算相应事件的概率(与 z 有关)，最后关于 z 求导即得 $Z=g(X,Y)$的概率密度 $f_Z(z)$.

设 $f(x,y)$是二维连续型随机变量(X,Y)的联合概率密度，则 $Z=X+Y$ 的分布函数为

$$
\begin{aligned}
F_Z(z) &= P(Z \leqslant z) = P(X+Y \leqslant z) = \iint\limits_{x+y\leqslant z} f(x,y)\,\mathrm{d}x\mathrm{d}y \\
&= \int_{-\infty}^{+\infty}\mathrm{d}x\int_{-\infty}^{z-x} f(x,y)\,\mathrm{d}y \quad (-\infty < z < +\infty) \\
&\xlongequal{\text{令 } y=v-x} \int_{-\infty}^{+\infty}\mathrm{d}x\int_{-\infty}^{z} f(x,v-x)\,\mathrm{d}v \\
&= \int_{-\infty}^{z}\mathrm{d}v\int_{-\infty}^{+\infty} f(x,v-x)\,\mathrm{d}x.
\end{aligned}
$$

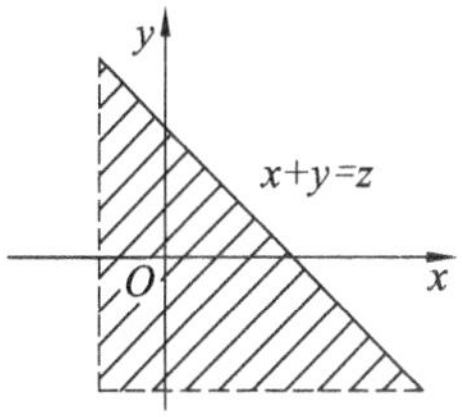

图 4-6

于是得 $Z=X+Y$ 的概率密度为

$$f_Z(z) = \frac{\mathrm{d}F_Z(z)}{\mathrm{d}z} = \int_{-\infty}^{+\infty} f(x,z-x)\,\mathrm{d}x.$$

同理　$f_Z(z) = \int_{-\infty}^{+\infty} f(z-y,y)\,\mathrm{d}y$.

特别地，如果 X,Y 相互独立，上述公式变为

$$f_Z(z) = \int_{-\infty}^{+\infty} f_X(x) f_Y(z-x)\,\mathrm{d}x$$

或

$$f_Z(z) = \int_{-\infty}^{+\infty} f_X(z-y) f_Y(y)\,\mathrm{d}y,$$

称为**连续型卷积公式**.

例 2 设 (X,Y) 的联合概率密度为

$$f(x,y)=\begin{cases}e^{-y}, & 0<x<1,y>0,\\ 0, & \text{其他.}\end{cases}$$

求随机变量 $Z=X+Y$ 的概率密度.

解 方法 1 当 $z\leqslant 0$ 时,$f_Z(z)=0$.

当 $0<z<1$ 时,如图 4-7(a),

$$F_Z(z)=P(Z\leqslant z)=P(X+Y\leqslant z)$$

$$=\iint\limits_{\substack{x+y\leqslant z\\0<z<1}}f(x,y)\mathrm{d}x\mathrm{d}y$$

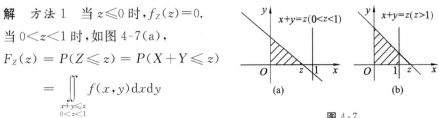

图 4-7

$$=\int_0^z\mathrm{d}x\int_0^{z-x}e^{-y}\mathrm{d}y$$

$$=z-1+e^{-z};$$

当 $z\geqslant 1$ 时,如图 4-7(b),

$$F_Z(z)=P(Z\leqslant z)=P(X+Y\leqslant z)$$

$$=\iint\limits_{\substack{x+y\leqslant z\\z>1}}f(x,y)\mathrm{d}x\mathrm{d}y$$

$$=\int_0^1\mathrm{d}x\int_0^{z-x}e^{-y}\mathrm{d}y$$

$$=1-e^{-z}(e-1).$$

于是

$$f_Z(z)=\frac{\mathrm{d}F_Z(z)}{\mathrm{d}z}=\begin{cases}0, & z\leqslant 0,\\ 1-e^{-z}, & 0<z<1,\\ e^{-z}(e-1), & z\geqslant 1.\end{cases}$$

方法 2 设 Z 的概率密度为 $f_Z(z)$,由卷积公式得

$$f_Z(z)=\int_{-\infty}^{+\infty}f_X(z-y)f_Y(y)\mathrm{d}y.$$

据 (X,Y) 的联合概率密度求得

$$f_X(x)=\begin{cases}\int_0^{+\infty}e^{-y}\mathrm{d}y=1, & 0<x<1,\\ 0, & \text{其他,}\end{cases}$$

$$f_Y(y)=\begin{cases}\int_0^1 e^{-y}\mathrm{d}x=e^{-y}, & y>0,\\ 0, & \text{其他,}\end{cases}$$

故

$$f_X(z-y)f_Y(y)=\begin{cases} e^{-y}, & y>0,0<z-y<1, \\ 0, & \text{其他,} \end{cases}$$

则

$$f_Z(z)=\begin{cases} 0, & z\leqslant 0, \\ \int_0^z e^{-y}dy=1-e^{-z}, & 0<z<1, \\ \int_{z-1}^z e^{-y}dy=e^{-z}(e-1), & z\geqslant 1. \end{cases}$$

例 3　证明:如果随机变量 X,Y 相互独立,且它们服从相同的分布 $N(0,1)$,那么 $Z=X+Y$ 服从分布 $N(0,2)$.

证　由于 X,Y 相互独立,所以 (X,Y) 的概率密度为

$$f(x,y)=\frac{1}{2\pi}e^{-\frac{x^2+y^2}{2}},$$

则 $Z=X+Y$ 的概率密度为

$$\begin{aligned} f_Z(z) &= \int_{-\infty}^{+\infty} f(x,z-x)\,dx \\ &= \int_{-\infty}^{+\infty} \frac{1}{2\pi}e^{-\frac{x^2+(z-x)^2}{2}}\,dx \\ &= \frac{1}{2\pi}\int_{-\infty}^{+\infty} e^{-\frac{2x^2-2xz+z^2}{2}}\,dx \\ &= \frac{1}{\sqrt{2\pi}}e^{\frac{z^2}{2\cdot 2}}\int_{-\infty}^{+\infty} \frac{1}{\sqrt{2\pi}}e^{-\frac{\left(\sqrt{2}x-\frac{z}{\sqrt{2}}\right)^2}{2}}\,dx \\ &\xlongequal{\diamondsuit\, t=\sqrt{2}x-\frac{z}{\sqrt{2}}} \frac{1}{\sqrt{2\pi}\cdot\sqrt{2}}e^{-\frac{z^2}{4}}\int_{-\infty}^{+\infty} \frac{1}{\sqrt{2\pi}}e^{-\frac{t^2}{2}}\,dt \\ &= \frac{1}{\sqrt{2\pi}\cdot\sqrt{2}}e^{-\frac{\left(\frac{z}{\sqrt{2}}\right)^2}{2}}, \end{aligned}$$

即　$Z=X+Y\sim N(0,2)$.

类似地可以证明:如果 X,Y 相互独立且依次服从 $N(\mu_1,\sigma_1^2),N(\mu_2,\sigma_2^2)$,那么 $X+Y$ 服从 $N(\mu_1+\mu_2,\sigma_1^2+\sigma_2^2)$.

更一般地,可以证明有限个相互独立的服从正态分布的随机变量的线性组合仍然服从正态分布,即有下面的定理:

定理　若 $X_i\sim N(\mu_i,\sigma_i^2)(i=1,2,\cdots,n)$,且它们相互独立,$c_i(i=1,2,\cdots)$ 是

常数,则有

$$X = \sum_{i=1}^{n} c_i X_i \sim N\Big(\sum_{i=1}^{n} c_i \mu_i , \sum_{i=1}^{n} (c_i \sigma_i)^2 \Big).$$

对二维连续型随机变量 (X,Y) 的函数 $Z=g(X,Y)$,用 (X,Y) 的联合概率密度来求 Z 的概率密度的一般步骤如下:

第一步,求 Z 的分布函数

$$F_Z(z) = P(Z \leqslant z) = P(g(X,Y) \leqslant z) = \iint\limits_{D_z} g(x,y) \mathrm{d}x \mathrm{d}y,$$

其中 $D_z = \{(x,y) \mid g(x,y) \leqslant z\}$.

第二步,求 Z 的概率密度 $f_Z(z) = \dfrac{\mathrm{d}F_Z(z)}{\mathrm{d}z}$.

例 4 设 (X,Y) 的概率密度为 $f(x,y) = \dfrac{1}{2\pi} \mathrm{e}^{-\frac{x^2+y^2}{2}}$,求 $Z = \sqrt{X^2+Y^2}$ 的概率密度.

解 第一步,设 $Z = \sqrt{X^2+Y^2}$ 的分布函数为

$$F_Z(z) = P(Z \leqslant z) = P(\sqrt{X^2+Y^2} \leqslant z) = \iint\limits_{D_z} f(x,y) \mathrm{d}x \mathrm{d}y,$$

其中 $D_z = \{(x,y) \mid \sqrt{x^2+y^2} \leqslant z\}$,如图 4-8 所示.

当 $z>0$ 时,

$$\begin{aligned}
F_Z(z) &= \int_0^{2\pi} \mathrm{d}\theta \int_0^z \frac{1}{2\pi} \mathrm{e}^{-\frac{r^2}{2}} \mathrm{d}r \\
&= \frac{1}{2\pi} \int_0^{2\pi} \big[-\mathrm{e}^{-\frac{r^2}{2}} \big]_0^z \mathrm{d}\theta \\
&= \frac{1}{2\pi} \int_0^{2\pi} \Big(1 - \mathrm{e}^{-\frac{z^2}{2}} \Big) \mathrm{d}\theta \\
&= 1 - \mathrm{e}^{-\frac{z^2}{2}}.
\end{aligned}$$

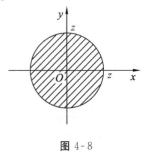

图 4-8

即

$$F_Z(z) = \begin{cases} 1 - \mathrm{e}^{-\frac{z^2}{2}}, & z>0, \\ 0, & \text{其他}. \end{cases}$$

第二步,求得 $Z = \sqrt{X^2+Y^2}$ 的概率密度为

$$f_Z(z) = \frac{\mathrm{d}F_Z(z)}{\mathrm{d}z} = \begin{cases} z\mathrm{e}^{-\frac{z^2}{2}}, & z>0, \\ 0, & \text{其他}. \end{cases}$$

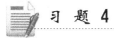习 题 **4**

1. 将一枚硬币抛掷 3 次，以 X 表示这 3 次中出现正面朝上的次数，以 Y 表示 3 次中出现正面朝上次数与出现反面朝上次数之差的绝对值.

(1) 试写出 (X,Y) 的联合分布律；

(2) 求随机变量 (X,Y) 的边缘分布律.

2. 设二维随机变量 (X,Y) 的联合分布律如下表所示：

X＼Y	1	2	3
1	$\dfrac{1}{24}$	α	$\dfrac{1}{12}$
2	$\dfrac{1}{8}$	$\dfrac{3}{8}$	β

问：其中 α,β 取什么值时，X 与 Y 相互独立？

3. 一袋中有 7 个球，其中 4 个白球、1 个红球、2 个黑球. 每次摸 1 个球，不放回抽样 3 次. 设 3 次中有 X 次摸到白球、Y 次摸到红球，求 (X,Y) 的联合分布律，并判断 X 与 Y 是否相互独立.

4. 设随机变量 X 和 Y 的分布律均为

X(Y)	1	2
P	$\dfrac{1}{3}$	$\dfrac{2}{3}$

且 X 与 Y 相互独立，求 $P(X=Y)$.

5. 设随机变量 (X,Y) 的联合分布律为

X＼Y	−1	1	2
−1	$\dfrac{1}{4}$	$\dfrac{1}{10}$	$\dfrac{3}{10}$
2	$\dfrac{3}{20}$	$\dfrac{3}{20}$	$\dfrac{1}{20}$

试求：$X+Y,X-Y,XY$ 的分布律.

6. 设随机变量 (X,Y) 的联合概率密度为

$$f(x,y)=\begin{cases} ce^{-(2x+4y)}, & x>0, y>0, \\ 0, & \text{其他.} \end{cases}$$

求:(1) 常数 c;

(2) 概率 $P(X>Y)$ 和 $P(X+Y<1)$;

(3) (X,Y) 的联合分布函数 $F(x,y)$.

7. 设二维随机变量 (X,Y) 在 G 上服从均匀分布,求 X,Y 的边缘概率密度,其中 G 为由直线 $y=x$ 和曲线 $y=x^2$ 所围成的闭区域.

8. 设二维随机变量 (X,Y) 的联合概率密度为

$$f(x,y)=\begin{cases} cxy^2, & 0<x<1, 0<y<1, \\ 0, & \text{其他.} \end{cases}$$

(1) 求常数 c;

(2) 证明:X 与 Y 相互独立.

9. 设二维随机变量 (X,Y) 的联合概率密度为

$$f(x,y)=\begin{cases} x, & 0<x<1, 0<y<3x, \\ 0, & \text{其他.} \end{cases}$$

求:(1) X,Y 的边缘概率密度;

(2) $P(X\leqslant 2)$.

10. 设某班车在起点站上客人数 X 服从参数为 $\lambda(\lambda>0)$ 的泊松分布,每位乘客在中途下车的概率为 $p(0<p<1)$,且中途下车与否相互独立,以 Y 表示在中途下车的人数.求:

(1) 在起点站有 n 个乘客上车的条件下,中途有 m 人下车的概率;

(2) 二维随机变量 (X,Y) 的联合分布律.

11. 将某医药公司 8 月份和 9 月份收到的青霉素针剂的订单数分别记为 X 和 Y,据以往积累的资料知 X 和 Y 的联合分布律为

Y＼X	51	52	53	54	55
51	0.06	0.05	0.05	0.01	0.01
52	0.07	0.05	0.01	0.01	0.01
53	0.05	0.10	0.10	0.05	0.05
54	0.05	0.02	0.01	0.01	0.03
55	0.05	0.06	0.05	0.01	0.03

求：(1) X 和 Y 的边缘分布律；

(2) 8 月份的订单数为 51 时，9 月份订单数的条件分布律.

12. 若 $X \sim B(m, p)$，$Y \sim B(n, p)$，且 X 与 Y 相互独立，证明：

$$Z = X + Y \sim B(m+n, p) \text{（二项分布具有可加性）.}$$

问泊松分布是否也具有可加性？

13. 设 X 和 Y 是两个相互独立的随机变量，X 在区间 $(0,1)$ 上服从均匀分布，Y 的概率密度为

$$f_Y(y) = \begin{cases} \dfrac{1}{2} \mathrm{e}^{-\frac{y}{2}}, & y > 0, \\ 0, & \text{其他.} \end{cases}$$

(1) 求 (X, Y) 的联合概率密度；

(2) 设关于 a 的二次方程为 $a^2 + 2Xa + Y = 0$，试求 a 有实根的概率.

14. 设在 A 地与 B 地间的长度（单位：km）为 $l(l>1)$ 的公路上有一辆急修车，急修车所在的位置是随机的，行驶中的车辆抛锚地点也是随机的，求急修车与抛锚车的距离小于 0.5 km 的概率.

15. 设二维随机变量 (X, Y) 的联合概率密度为

$$f(x, y) = \begin{cases} \dfrac{1}{4}, & 0 < x < 2, 0 < y < 2x, \\ 0, & \text{其他.} \end{cases}$$

记 $Z = 2X - Y$，求 Z 的概率密度.

16. 设 X 与 Y 相互独立且同分布，都服从 $(0,1)$ 上的均匀分布，试求：

(1) $P(X^2 + Y^2 \leqslant 1)$；

(2) $Z = X + Y$ 的概率密度；

(3) $P(X + Y < 1.5)$.

17. 设随机变量 X 服从 $(0,1)$ 上的均匀分布，Y 的概率密度为

$$f_Y(y) = \begin{cases} \mathrm{e}^{-y}, & y > 0, \\ 0, & \text{其他,} \end{cases}$$

且 X 与 Y 相互独立，求随机变量 $Z = X + Y$ 的概率密度.

18. 设随机变量 (X,Y) 的概率密度为

$$f(x,y)=\begin{cases} x+y, & 0<x<1, 0<y<1, \\ 0, & 其他. \end{cases}$$

(1) 判断 X 与 Y 是否相互独立；

(2) 求 $Z=X+Y$ 的概率密度.

第 5 章
随机变量的数字特征

前面两章讨论了随机变量的分布函数,分布函数能够完整地描述随机变量的统计特征.但在一些实际问题中,一方面,随机变量的分布函数不容易求得;另一方面,有时并不需要了解这个规律的全貌,而只需要知道它的某个侧面,这时往往可以用一个或几个数字来描述这个侧面,如分布的中心位置、分散程度等,一般称之为随机变量的**数字特征**.本章将介绍最常用的几个数字特征.

§5.1　数学期望

一、离散型随机变量的数学期望

为了描述一组事物的大致情况,我们经常使用平均值这个概念.先看一个例子.

例 1　一名射手 20 次射击的成绩如下:

中靶环数(x_i)	0	1	2	3	4	5	6	7	8	9	10
频数(n_i)	1	2	1	2	3	3	2	1	2	2	1
频率(f_i)	$\frac{1}{20}$	$\frac{2}{20}$	$\frac{1}{20}$	$\frac{2}{20}$	$\frac{3}{20}$	$\frac{3}{20}$	$\frac{2}{20}$	$\frac{1}{20}$	$\frac{2}{20}$	$\frac{2}{20}$	$\frac{1}{20}$

人们通常用"平均中靶环数"来对射手的射击水平作出综合评价,记平均中靶环数为$\bar{x}$,则有

$$\bar{x} = \frac{\sum_{i=0}^{10} x_i n_i}{20} = \sum_{i=0}^{10} x_i f_i = 0 \times \frac{1}{20} + 1 \times \frac{2}{20} + \cdots + 10 \times \frac{1}{20}.$$

我们知道,当试验次数增大时,频率的稳定值就是概率,那么完整描述该射手真实水平的是其射中各环数的概率分布. 相应地,观察到的平均中靶环数 $\bar{x}$,随试验次数的增大必将趋于一稳定值. 设中靶环数 X(观察之前为随机变量)的分布律为

$$P(X=i) = p_i, i = 0, 1, 2, \cdots, 10,$$

则 $\bar{x}$ 的稳定值为 $\sum_{i=0}^{10} x_i p_i$,我们称 $\sum_{i=0}^{10} x_i p_i$ 为随机变量 X 的数学期望. 一般地,有如下定义:

定义 1 设离散型随机变量 X 的分布律为

$$P(X=x_i) = p_i, i = 1, 2, \cdots,$$

若级数 $\sum_{i=1}^{\infty} x_i p_i$ 绝对收敛,则称级数 $\sum_{i=1}^{\infty} x_i p_i$ 的值为随机变量 X 的**数学期望**,记为 $E(X)$,即

$$E(X) = \sum_{i=1}^{\infty} x_i p_i. \tag{1}$$

数学期望简称为**期望**,又称为**均值**.

例 2 甲、乙两人进行打靶,所得分数分别记为 X_1, X_2,它们的分布律分别为

X_1	0	1	2
P	0	0.2	0.8

X_2	0	1	2
P	0.6	0.3	0.1

试评定他们的成绩的好坏.

解 我们分别计算 X_1, X_2 的数学期望,得

$$E(X_1) = 0 \times 0 + 1 \times 0.2 + 2 \times 0.8 = 1.8 (\text{分}),$$
$$E(X_2) = 0 \times 0.6 + 1 \times 0.3 + 2 \times 0.1 = 0.5 (\text{分}).$$

很明显,乙的成绩远不如甲.

例 3 设 $X \sim B(1, p)$,求 $E(X)$.

解 因 X 有分布律

X	0	1
P	$1-p$	p

所以 X 的数学期望为

$$E(X) = 0 \times (1-p) + 1 \times p = p.$$

例 4　设 $X \sim P(\lambda)$，求 $E(X)$.

解　X 的分布律为

$$P(X=k) = \frac{\lambda^k e^{-\lambda}}{k!}, k = 0, 1, 2, \cdots, \lambda > 0.$$

X 的数学期望为

$$E(X) = \sum_{k=0}^{\infty} k \frac{\lambda^k e^{-\lambda}}{k!} = \lambda e^{-\lambda} \sum_{k=1}^{\infty} \frac{\lambda^{k-1}}{(k-1)!} = \lambda e^{-\lambda} \cdot e^{\lambda} = \lambda.$$

二、连续型随机变量的数学期望

现在我们给出连续型随机变量的数学期望的定义.

设连续型随机变量 X 的概率密度函数为 $f(x)$，随机变量 X 落在小区间 $[x, x+\Delta x]$ 内的概率近似地等于 $f(x)\Delta x$，所以，连续型随机变量的数学期望可定义如下：

定义 2　设 X 是连续型随机变量，其密度函数为 $f(x)$，若

$$\int_{-\infty}^{+\infty} x f(x) \mathrm{d}x$$

绝对收敛，则称积分 $\int_{-\infty}^{+\infty} x f(x) \mathrm{d}x$ 的值为随机变量 X 的**数学期望**，记为 $E(X)$，即

$$E(X) = \int_{-\infty}^{+\infty} x f(x) \mathrm{d}x. \tag{2}$$

注　并非所有的随机变量都有数学期望.

例 5　设随机变量 X 在区间 (a,b) 内服从均匀分布，求 $E(x)$.

解　由题意知，X 的概率密度为

$$f(x) = \begin{cases} \dfrac{1}{b-a}, & a < x < b, \\ 0, & \text{其他}, \end{cases}$$

于是有

$$E(X) = \int_a^b \frac{x}{b-a} \mathrm{d}x = \frac{1}{2}(a+b).$$

例 6 设 X 服从参数为 $\lambda(\lambda > 0)$ 的指数分布,求 $E(X)$.

解 由题意知,X 的概率密度为

$$f(x) = \begin{cases} \lambda \mathrm{e}^{-\lambda x}, & x > 0, \\ 0, & \text{其他}, \end{cases}$$

于是有

$$E(X) = \int_{-\infty}^{+\infty} x f(x) \mathrm{d}x = \int_0^{+\infty} \lambda x \mathrm{e}^{-\lambda x} \mathrm{d}x$$

$$= -x \mathrm{e}^{-\lambda x} \Big|_0^{+\infty} + \int_0^{+\infty} \mathrm{e}^{-\lambda x} \mathrm{d}x$$

$$= \frac{1}{\lambda} \int_0^{+\infty} \lambda \mathrm{e}^{-\lambda x} \mathrm{d}x = \frac{1}{\lambda}.$$

例 7 设随机变量 X 服从柯西(Cauchy)分布,其概率密度为

$$f(x) = \frac{1}{\pi(x^2+1)}, \quad -\infty < x < +\infty,$$

求 $E(X)$.

解 因为广义积分 $\int_{-\infty}^{+\infty} \frac{|x|}{x^2+1} \mathrm{d}x$ 不收敛,所以 $E(X)$ 不存在.

例 8 已知随机变量 X 的分布函数为

$$F(x) = \begin{cases} 0, & x \leqslant 0, \\ \dfrac{x}{4}, & 0 < x \leqslant 4, \\ 1, & x > 4, \end{cases}$$

求 $E(X)$.

解 随机变量 X 的概率密度为

$$f(x) = F'(x) = \begin{cases} \dfrac{1}{4}, & 0 < x \leqslant 4, \\ 0, & \text{其他}, \end{cases}$$

故

$$E(X) = \int_{-\infty}^{+\infty} x f(x) \mathrm{d}x = \int_0^4 x \cdot \frac{1}{4} \mathrm{d}x = \frac{1}{8} x^2 \Big|_0^4 = 2.$$

三、随机变量函数的数学期望

为了计算随机变量函数的数学期望,我们可以先求出随机变量函数的分布

律或概率密度,然后按(1)式或(2)式计算数学期望,但这种方法一般较复杂.

下面不加证明地引入有关计算随机变量函数的数学期望的定理.

定理 1　设 X 是一个随机变量,$Y=g(X)$,且 $E(Y)$ 存在,于是:

(1) 若 X 为离散型随机变量,其概率分布为

$$P(X=x_i)=p_i,i=1,2,\cdots,$$

则 Y 的数学期望为

$$E(Y) = E[g(X)] = \sum_{i=1}^{\infty} g(x_i) p_i; \tag{3}$$

(2) 若 X 为连续型随机变量,其概率密度为 $f(x)$,则 Y 的数学期望为

$$E(Y) = E[g(X)] = \int_{-\infty}^{+\infty} g(x) f(x) \mathrm{d}x. \tag{4}$$

注　定理 1 的重要性在于,在求 $E[g(X)]$ 时,不必知道 $g(X)$ 的分布,只需知道 X 的分布即可.

上述定理可推广到二维以上的情形,即有下面的定理.

定理 2　设 (X,Y) 是二维随机变量,$Z=g(X,Y)$,且 $E(Z)$ 存在,于是

(1) 若 (X,Y) 为离散型随机变量,其概率分布为

$$P(X=x_i,Y=y_j)=p_{ij}(i,j=1,2,\cdots),$$

则 Z 的数学期望为

$$E(Z) = E[g(X,Y)] = \sum_{j=1}^{\infty} \sum_{i=1}^{\infty} g(x_i,y_j) p_{ij};$$

(2) 若 (X,Y) 为连续型随机变量,其概率密度为 $f(x,y)$,则 Z 的数学期望为

$$E(Z) = E[g(X,Y)] = \int_{-\infty}^{+\infty} \int_{-\infty}^{+\infty} g(x,y) f(x,y) \mathrm{d}x\mathrm{d}y.$$

例 9　设随机变量 X 的分布律为

X	-2	-1	0	1	2	3
P	0.10	0.20	0.25	0.20	0.15	0.10

求随机变量 $Y=X^2$ 的数学期望.

解　我们用两种方法计算.

方法 1　先求得 Y 的分布律如下:

Y	0	1	4	9
p	0.25	0.40	0.25	0.10

由公式(1)得

$$E(Y)=0\times0.25+1\times0.40+4\times0.25+9\times0.10=2.30.$$

方法 2　由公式(3)得

$$E(Y)=(-2)^2\times0.10+(-1)^2\times0.20+0^2\times0.25+$$
$$1^2\times0.20+2^2\times0.15+3^2\times0.10$$
$$=2.30.$$

例 10　设随机变量 X 在区间 $(0,\pi)$ 内服从均匀分布,求随机变量 $Y=\sin X$ 的数学期望.

解　仍用两种方法计算.

方法 1　先利用分布函数法求得 Y 的概率密度为

$$f_Y(y)=\begin{cases}\dfrac{2}{\pi\sqrt{1-y^2}}, & 0<y<1,\\ 0, & \text{其他}.\end{cases}$$

再由公式(2)得

$$E(Y)=\int_0^1 y\cdot\frac{2}{\pi\sqrt{1-y^2}}\mathrm{d}y=\frac{2}{\pi}.$$

方法 2　由题意知,X 的概率密度为

$$f_X(x)=\begin{cases}\dfrac{1}{\pi}, & 0<x<\pi,\\ 0, & \text{其他}.\end{cases}$$

由公式(4)得

$$E(Y)=\int_0^\pi \sin x\cdot\frac{1}{\pi}\mathrm{d}x=\frac{2}{\pi}.$$

例 11　设随机变量 X 与 Y 相互独立,概率密度分别是

$$f_X(x)=\begin{cases}\mathrm{e}^{-x}, & x>0,\\ 0, & x\leqslant0,\end{cases}\qquad f_Y(y)=\begin{cases}\mathrm{e}^{-y}, & y>0,\\ 0, & y\leqslant0.\end{cases}$$

求随机变量函数 $Z=X+Y$ 的数学期望.

解　仍用两种方法计算.

方法 1　首先求出 Z 的概率密度为

$$f_Z(z) = \begin{cases} z\mathrm{e}^{-z}, & z>0, \\ 0, & \text{其他}. \end{cases}$$

再由公式(2)得

$$E(Z) = \int_0^{+\infty} z \cdot z\mathrm{e}^{-z}\mathrm{d}z = 2.$$

方法 2　因为随机变量 X 与 Y 是相互独立的,所以二维随机变量 (X,Y) 的联合概率密度为

$$f(x,y) = f_X(x)f_Y(y) = \begin{cases} \mathrm{e}^{-x-y}, & x>0, y>0, \\ 0, & \text{其他}. \end{cases}$$

再由公式(4)得

$$E(Z) = E(X+Y) = \int_0^{+\infty}\int_0^{+\infty} (x+y)\mathrm{e}^{-x-y}\mathrm{d}x\mathrm{d}y$$

$$= \int_0^{+\infty} x\mathrm{e}^{-x}\mathrm{d}x\int_0^{+\infty} \mathrm{e}^{-y}\mathrm{d}y + \int_0^{+\infty} \mathrm{e}^{-x}\mathrm{d}x\int_0^{+\infty} y\mathrm{e}^{-y}\mathrm{d}y$$

$$= 1+1 = 2.$$

注　若用下面介绍的数学期望的性质计算 $E(X+Y)$ 将更简便.

四、数学期望的性质

性质 1　若 c 是常数,则 $E(c)=c$.

性质 2　若 c 是常数,则 $E(cX)=cE(X)$.

性质 3　$E(X_1+X_2)=E(X_1)+E(X_2)$.

注　由性质 2 和性质 3,我们有

$$E\Big(\sum_{i=1}^n c_i X_i \Big) = \sum_{i=1}^n c_i E(X_i), \text{其中 } c_i(i=1,2,\cdots,n) \text{ 是常数}.$$

性质 4　设 X,Y 相互独立,则 $E(XY)=E(X)E(Y)$.

注　由 $E(XY)=E(X)E(Y)$ 不一定能推出 X,Y 相互独立.

性质 1,2,3 的证明略,下面只证明性质 4,仅对连续型情形证明,离散型情形留给读者.

证　设 (X,Y) 的联合密度函数为 $f(x,y)$,其边缘概率密度分别为 $f_X(x)$ 和 $f_Y(y)$,则

$$E(X,Y) = \int_{-\infty}^{+\infty}\int_{-\infty}^{+\infty} xyf(x,y)\mathrm{d}x\mathrm{d}y.$$

因为 X 和 Y 相互独立，则 $f(x,y)=f_X(x)f_Y(y)$，故有

$$E(X,Y) = \int_{-\infty}^{+\infty}\int_{-\infty}^{+\infty} xyf_X(x)f_Y(y)\mathrm{d}x\mathrm{d}y$$

$$= \int_{-\infty}^{+\infty} xf_X(x)\mathrm{d}x \int_{-\infty}^{+\infty} yf_Y(y)\mathrm{d}y$$

$$= E(X)E(Y).$$

例 12　设 $X\sim B(n,p)$，求 $E(X)$.

解　引入随机变量

$$X_i=\begin{cases}1, & \text{第 } i \text{ 次试验中事件 } A \text{ 发生,}\\ 0, & \text{第 } i \text{ 次试验中事件 } A \text{ 不发生,}\end{cases} \quad i=1,2,\cdots,n,$$

其中 $P(A)=p$，则 X_i 为 $0-1$ 分布，$E(X_i)=p$，且 $X=\sum_{i=1}^{n} X_i$ ，所以

$$E(X)=E(X_1+X_2+\cdots+X_n)=E(X_1)+E(X_2)+\cdots+E(X_n)$$

$$=p+p+\cdots+p=np.$$

即 X 的数学期望为 np.

如果直接用数学期望的定义，有

$$p_k=P(X=k)=\mathrm{C}_n^k p^k(1-p)^{n-k}, k=0,1,2,\cdots,n,$$

于是

$$E(X)=\sum_{k=0}^{n} kp_k = \sum_{k=0}^{n} k\mathrm{C}_n^k p^k(1-p)^{n-k}.$$

上式的计算结果也为 np，但计算较烦琐.

注　例 12 的计算方法具有一般性，引入计数随机变量可简化计算过程，请看下例.

例 13　一民航送客车载有 20 位旅客自机场开出，途中有 10 个车站可以下车，若到达一站没有旅客下车就不停车，以 X 表示停车的次数，求 $E(X)$（设每位旅客在各车站下车是等可能的，并设各旅客是否下车相互独立）.

解　引入随机变量

$$X_i=\begin{cases}0, & \text{在第 } i \text{ 站没有人下车,}\\ 1, & \text{在第 } i \text{ 站有人下车,}\end{cases} \quad i=1,2,\cdots,10,$$

易知 $X=X_1+X_2+\cdots+X_{10}$.

现在来求 $E(X)$. 由题意，任一旅客不在第 i 站下车的概率为 $\dfrac{9}{10}$，因此，20 位

旅客都不在第 i 站下车的概率为 $\left(\dfrac{9}{10}\right)^{20}$，在第 i 站有人下车的概率为 $1-\left(\dfrac{9}{10}\right)^{20}$，也就是

$$P(X_i=0)=\left(\frac{9}{10}\right)^{20}, P(X_i=1)=1-\left(\frac{9}{10}\right)^{20}, i=1,2,\cdots,10.$$

因此，
$$E(X_i)=1-\left(\frac{9}{10}\right)^{20}, i=1,2,\cdots,10,$$

于是　
$$E(X)=E(X_1+X_2+\cdots+X_{10})=E(X_1)+E(X_2)+\cdots+E(X_{10})$$
$$=10\left[1-\left(\frac{9}{10}\right)^{20}\right]\approx9(\text{次}).$$

§5.2　方　差

随机变量的数学期望是对随机变量取值水平的综合评价，而随机变量取值的稳定性是判断随机变量性质的另一个十分重要的指标.例如，已知一箱内装有 50 个苹果，净重 10 kg，则平均每个苹果重 0.2 kg，我们无法对这箱苹果中每个苹果质量的整齐程度作出判断，因为其中也许有很大的，也有很小的，方差就是用来描述苹果质量的整齐程度的量.

对任一随机变量 X，称 $X-E(X)$ 为随机变量 X 与其均值的偏差，由于 $E[X-E(X)]=E(X)-E(X)=0$，所以不能用 $E[X-E(X)]$ 来描述 X 取值的分散程度.我们可以用绝对误差的数学期望 $E[|X-E(X)|]$ 来描述随机变量 X 取值的分散程度.然而，从数学的角度，绝对值的运算有许多不便之处，因此考虑用偏差平方 $[X-E(X)]^2$ 的数学期望来描述随机变量 X 取值的分散程度.

一、方差的定义

定义　设 X 是一个随机变量，若 $E[X-E(X)]^2$ 存在，则称它为 X 的**方差**，记为

$$D(X)=E[X-E(X)]^2.$$

方差的算术平方根 $\sqrt{D(X)}$ 称为**标准差**或**均方差**，它与 X 具有相同的度量单位，在实际应用中经常使用.

从方差的定义易见:

(1) 若 X 的取值比较集中,则方差较小;

(2) 若 X 的取值比较分散,则方差较大;

(3) 若方差 $D(X)=0$,则随机变量 X 以概率 1 取常数值,此时 X 也就不是随机变量了.

二、方差的计算

由定义知,方差实际上就是随机变量 X 的函数 $g(X)=[X-E(X)]^2$ 的数学期望.于是对于离散型随机变量,有

$$D(X) = \sum_{i=1}^{\infty}[x_i - E(X)]^2 p_i,$$

其中 $p_i=P(X=x_i),i=1,2,\cdots$ 是 X 的分布律;

对于连续型随机变量,有

$$D(X) = \int_{-\infty}^{+\infty}[x - E(X)]^2 f(x)\mathrm{d}x,$$

其中 $f(x)$ 为 X 的概率密度.

由数学期望的性质,可得

$$D(X)=E[X-E(X)]^2=E\{X^2-2X \cdot E(X)+[E(X)]^2\}$$
$$=E(X^2)-2E(X) \cdot E(X)+[E(X)]^2$$
$$=E(X^2)-[E(X)]^2.$$

所以,$D(X)=E(X^2)-[E(X)]^2$ 为计算方差的一个简化公式.

例 1 设随机变量 X 具有 $0-1$ 分布,其分布律为

$$P(X=0)=1-p,P(X=1)=p,$$

求 $E(X),D(X)$.

解 $E(X)=0 \cdot (1-p)+1 \cdot p=p,$

$E(X^2)=0^2 \cdot (1-p)+1^2 \cdot p=p,$

故 $D(X)=E(X^2)-[E(X)]^2=p-p^2=p(1-p).$

例 2 设随机变量 X 具有泊松分布,即 $X \sim P(\lambda)$,求 $E(X),D(X)$.

解 X 的分布律为

$$P(X=k)=\frac{\lambda^k \mathrm{e}^{-\lambda}}{k!}, \ k=0,1,2,\cdots,\lambda>0,$$

则　　　　　$E(X) = \sum_{k=0}^{\infty} \frac{\lambda^k e^{-\lambda}}{k!} = \lambda e^{-\lambda} \sum_{k=1}^{\infty} \frac{\lambda^{k-1}}{(k-1)!} = \lambda e^{-\lambda} \cdot e^{\lambda} = \lambda.$

而　　　　　$E(X^2) = E[X(X-1) + X] = E[X(X-1)] + E(X)$

$$= \sum_{k=0}^{\infty} k(k-1) \frac{\lambda^k e^{-\lambda}}{k!} + \lambda$$

$$= \lambda^2 e^{-\lambda} \sum_{k=2}^{\infty} \frac{\lambda^{k-2}}{(k-2)!} + \lambda = \lambda^2 e^{-\lambda} \cdot e^{\lambda} + \lambda = \lambda^2 + \lambda,$$

故　　　　　$D(X) = E(X^2) - [E(X)]^2 = \lambda.$

由此可知,泊松分布的数学期望与方差相等,都等于参数 λ. 因为泊松分布只含有一个参数 λ,所以只要知道它的数学期望或方差就能完全确定它的分布了.

例3　设 $X \sim U(a, b)$,求 $E(X), D(X).$

解　X 的概率密度为

$$f(x) = \begin{cases} \dfrac{1}{b-a}, & a < x < b, \\ 0, & \text{其他}, \end{cases}$$

所以　　　　　$E(X) = \int_{-\infty}^{+\infty} x f(x) \mathrm{d}x = \int_a^b \frac{x}{b-a} \mathrm{d}x = \frac{a+b}{2},$

$$D(X) = E(X^2) - [E(X)]^2$$

$$= \int_a^b x^2 \cdot \frac{1}{b-a} \mathrm{d}x - \left(\frac{a+b}{2} \right)^2 = \frac{(b-a)^2}{12}.$$

例4　设随机变量 X 服从指数分布,其概率密度为

$$f(x) = \begin{cases} \dfrac{1}{\theta} e^{-\frac{x}{\theta}}, & x > 0, \\ 0, & \text{其他} \end{cases} \quad (\text{其中 } \theta > 0),$$

求 $E(X), D(X).$

解　$E(X) = \int_{-\infty}^{+\infty} x f(x) \mathrm{d}x = \int_0^{+\infty} x \cdot \frac{1}{\theta} e^{-\frac{x}{\theta}} \mathrm{d}x$

$$= -x e^{-\frac{x}{\theta}} \Big|_0^{+\infty} + \int_0^{+\infty} e^{-\frac{x}{\theta}} \mathrm{d}x = \theta,$$

$$E(X^2) = \int_{-\infty}^{+\infty} x^2 f(x) \mathrm{d}x = \int_0^{+\infty} x^2 \cdot \frac{1}{\theta} e^{-\frac{x}{\theta}} \mathrm{d}x$$

$$= -x^2 e^{-\frac{x}{\theta}} \Big|_0^{+\infty} + \int_0^{+\infty} 2x e^{-\frac{x}{\theta}} \mathrm{d}x = 2\theta^2,$$

于是

$$D(X) = E(X^2) - [E(X)]^2 = 2\theta^2 - \theta^2 = \theta^2,$$

即有

$$E(X) = \theta, D(X) = \theta^2.$$

例 5 设随机变量 X,Y 的联合点 (X,Y) 在以点 $(0,1)$,$(1,0)$,$(1,1)$ 为顶点的三角形区域上服从均匀分布,试求随机变量 $Z = X + Y$ 的期望与方差.

解 三角形区域 G 如图 5-1 所示,G 的面积为 $\dfrac{1}{2}$,所以 (X,Y) 的联合概率密度为

$$f(x,y) = \begin{cases} 2, & (x,y) \in G, \\ 0, & (x,y) \notin G. \end{cases}$$

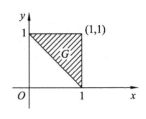

图 5-1

方法 1 分两步进行,第一步先求函数 Z 的概率密度,第二步计算 Z 的期望与方差.

设 Z 的分布函数为 $F_Z(z)$,则

(1) 当 $z < 1$ 时,$F_Z(z) = 0$;

(2) 当 $1 \leqslant z \leqslant 2$ 时,有

$$F_Z(z) = P(Z \leqslant z) = P(X + Y \leqslant z)$$

$$= \iint\limits_{x+y \leqslant z} f(x,y)\mathrm{d}x\mathrm{d}y = \iint\limits_{D} 2\mathrm{d}x\mathrm{d}y,$$

其中

$$D = \{(x,y) \mid 0 \leqslant x \leqslant 1, 0 \leqslant y \leqslant 1, 1 \leqslant x + y \leqslant z\}, D \subset G,$$

故 $F_Z(z) = 2 \cdot D$ 的面积 $= 2\left[\dfrac{1}{2} - \dfrac{1}{2}(2-z)^2\right] = 1 - (2-z)^2$;

(3) 当 $z > 2$ 时,$F_Z(z) = 1$.

于是

$$F_Z(z) = \begin{cases} 0, & z < 1, \\ 1 - (2-z)^2, & 1 \leqslant z \leqslant 2, \\ 1, & z > 2. \end{cases}$$

从而

$$f_Z(z) = \begin{cases} 2(2-z), & 1 \leqslant z \leqslant 2, \\ 0, & \text{其他.} \end{cases}$$

$$E(X+Y) = E(Z) = \int_{-\infty}^{+\infty} z f_Z(z) \mathrm{d}z = \int_1^2 z \cdot 2(2-z) \mathrm{d}z = \frac{4}{3},$$

$$E[(X+Y)^2] = E(Z^2) = \int_{-\infty}^{+\infty} z^2 f_Z(z) \mathrm{d}z = \int_1^2 z^2 \cdot 2(2-z) \mathrm{d}z = \frac{11}{6},$$

$$D(X+Y) = D(Z) = E(Z^2) - [E(Z)]^2 = \frac{1}{18}.$$

方法 2　$E(X+Y) = \int_{-\infty}^{+\infty}\int_{-\infty}^{+\infty}(x+y)f(x,y)\mathrm{d}x\mathrm{d}y$

$$= \int_0^1 \mathrm{d}x \int_{-x}^1 2(x+y)\mathrm{d}y = \int_0^1 (x^2+2x)\mathrm{d}x = \frac{4}{3},$$

$$E[(X+Y)^2] = \int_{-\infty}^{+\infty}\int_{-\infty}^{+\infty}(x+y)^2 f(x,y)\mathrm{d}x\mathrm{d}y = \int_0^1 \mathrm{d}x \int_{-x}^1 2(x+y)^2 \mathrm{d}y$$

$$= \frac{2}{3}\int_0^1 (x^3+3x^2+3x)\mathrm{d}x = \frac{11}{6},$$

所以

$$D(X+Y) = E[(X+Y)^2] - [E(X+Y)]^2 = \frac{1}{18}.$$

三、方差的性质

随机变量的方差具有下列性质(以下假设所遇到的随机变量其方差存在):

(1) 设 c 是常数,则 $D(c) = 0$.

(2) 设 X 是随机变量,c 是常数,则有 $D(cX) = c^2 D(X)$.

(3) 设 X, Y 是两个随机变量,则有

$$D(X \pm Y) = D(X) + D(Y) \pm 2E\{[X-E(X)][Y-E(Y)]\}.$$

特别地,若 X, Y 相互独立,则有

$$D(X \pm Y) = D(X) + D(Y).$$

这一性质可推广到一般情况:设 $X_1, X_2, \cdots, X_n$ 相互独立,且方差存在,$c_1, c_2, \cdots, c_n$ 为常数,则

$$D\left(\sum_{i=1}^n c_i X_i\right) = \sum_{i=1}^n c_i^2 D(X_i).$$

(4) $D(X)=0$ 的充要条件是 X 以概率 1 取常数 c,即

$$P(X=c)=1.$$

显然,这里 $c=E(X)$.

性质(1)(2)(4)的证略,下面只给出性质(3)的证明.

证　由方差的定义

$$D(X\pm Y)=E\{[X-E(X)]\pm[Y-E(Y)]\}^2$$

$$=E[X-E(X)]^2+E[Y-E(Y)]^2\pm 2E\{[X-E(X)][Y-E(Y)]\}$$

$$=D(X)+D(Y)\pm 2E\{[X-E(X)][Y-E(Y)]\}.$$

由 X 与 Y 相互独立,可知 $X-E(X)$ 与 $Y-E(Y)$ 也独立.

因此,由期望的性质可知

$$E\{[X-E(X)][Y-E(Y)]\}=E[X-E(X)]E[Y-E(Y)]=0,$$

于是　　　　　　　　　$D(X\pm Y)=D(X)+D(Y).$

例 6　设 $X\sim B(n,p)$,求 $E(X),D(X)$.

解　X 表示 n 重伯努利试验中"成功"的次数,若设

$$X_i=\begin{cases}1, & \text{第 } i \text{ 次试验成功},\\ 0, & \text{第 } i \text{ 次试验失败},\end{cases} i=1,2,\cdots,n,$$

则 $X=\sum\limits_{i=1}^{n}X_i$ 是 n 次试验中"成功"的次数,且 X_i 服从 $0-1$ 分布,

$$E(X_i)=P(X_i=1)=p, E(X_i^2)=p,$$

故　　$D(X_i)=E(X_i^2)-[E(X_i)]^2=p-p^2=p(1-p) (i=1,2,\cdots,n).$

由于 $X_1,X_2,\cdots,X_n$ 相互独立,于是

$$E(X)=\sum\limits_{i=1}^{n}E(X_i)=np,$$

$$D(X)=\sum\limits_{i=1}^{n}D(X_i)=np(1-p).$$

例 7　设 $X\sim N(\mu,\sigma^2)$,求 $E(X),D(X)$.

解　先求标准正态变量 $Z=\dfrac{X-\mu}{\sigma}$ 的数学期望和方差.因为 Z 的概率密度为

$$\varphi(t) = \frac{1}{\sqrt{2\pi}} e^{-\frac{t^2}{2}} \quad (-\infty < t < +\infty),$$

于是

$$E(Z) = \frac{1}{\sqrt{2\pi}} \int_{-\infty}^{+\infty} t e^{-\frac{t^2}{2}} dt = \frac{-1}{\sqrt{2\pi}} e^{-\frac{t^2}{2}} \Big|_{-\infty}^{+\infty} = 0,$$

$$D(Z) = E(Z^2) = \frac{1}{\sqrt{2\pi}} \int_{-\infty}^{+\infty} t^2 e^{-\frac{t^2}{2}} dt = -\frac{1}{\sqrt{2\pi}} \int_{-\infty}^{+\infty} t d\left(e^{-\frac{t^2}{2}} \right)$$

$$= -\frac{t}{\sqrt{2\pi}} e^{-\frac{t^2}{2}} \Big|_{-\infty}^{+\infty} + \frac{1}{\sqrt{2\pi}} \int_{-\infty}^{+\infty} e^{-\frac{t^2}{2}} dt$$

$$= \frac{1}{\sqrt{2\pi}} \cdot \sqrt{2} \int_{-\infty}^{+\infty} e^{-\left(\frac{t}{\sqrt{2}}\right)^2} d\left(\frac{t}{\sqrt{2}} \right) = 1.$$

其中利用了泊松积分

$$\int_{-\infty}^{+\infty} e^{-x^2} dx = \sqrt{\pi}.$$

因 $X = \mu + \sigma Z$, 即得

$$E(X) = E(\mu + \sigma Z) = \mu,$$

$$D(X) = D(\mu + \sigma Z) = E[(u + \sigma Z)^2] - [E(\mu + \sigma Z)]^2$$

$$= E(\sigma^2 Z^2) = \sigma^2 E(Z^2) = \sigma^2 D(Z) = \sigma^2.$$

这就是说, 正态分布的概率密度中的两个参数 μ 和 σ 分别就是该分布的数学期望和均方差, 因而正态分布完全可由它的数学期望和方差所确定.

又由上一章知道, 若 $X_i \sim N(\mu_i, \sigma_i^2)$, $i = 1, 2, \cdots, n$, 且它们相互独立, 则它们的线性组合 $c_1 X_1 + c_2 X_2 + \cdots + c_n X_n$ ($c_1, c_2, \cdots, c_n$ 是不全为 0 的常数) 仍然服从正态分布, 于是由数学期望和方差的性质知道:

$$c_1 X_1 + c_2 X_2 + \cdots + c_n X_n \sim N\left(\sum_{i=1}^{n} c_i \mu_i, \sum_{i=1}^{n} c_i^2 \sigma_i^2 \right).$$

这是一个重要的结果. 例如, 若 $X \sim N(1, 3)$, $Y \sim N(2, 4)$, 且 X, Y 相互独立, 则 $Z = 2X - 3Y$ 也服从正态分布. 又因为

$$E(Z) = 2 \times 1 - 3 \times 2 = -4, \quad D(Z) = 2^2 \times 3 + 3^2 \times 4 = 48,$$

故有 $Z \sim N(-4, 48)$.

例 8 设活塞的直径（单位：cm）$X \sim N(22.40, 0.03^2)$，气缸的直径（单位：cm）$Y \sim N(22.50, 0.04^2)$，X 与 Y 相互独立，任取一只活塞，任取一只气缸，求活塞能装入汽缸的概率.

解 按题意需求 $P(X<Y) = P(X-Y<0)$，由于

$$X - Y \sim N(-0.10, 0.0025),$$

故有

$$P(X<Y) = P(X-Y<0)$$

$$= P\left(\frac{(X-Y)-(-0.10)}{\sqrt{0.0025}} < \frac{0-(-0.10)}{\sqrt{0.0025}}\right)$$

$$= \Phi\left(\frac{0.1}{0.05}\right) = \Phi(2) = 0.9772.$$

几种常用分布的数学期望与方差见下表，以后可以直接引用该表中结果.

表 5-1

分布名称及记号	参数	分布律或概率密度	数学期望	方差
0-1 分布	$0<p<1$	$P(X=k) = p^k(1-p)^{1-k}, k=0,1$	p	$p(1-p)$
二项分布 $B(n,p)$	$n \geqslant 1$, $0<p<1$	$P(X=k) = C_n^k p^k (1-p)^{n-k}$, $k=0,1,\cdots,n$	np	$np(1-p)$
几何分布 $G(p)$	$0<p<1$	$P(X=k) = p(1-p)^{k-1}, k=1,2,\cdots$	$\dfrac{1}{p}$	$\dfrac{1-p}{p^2}$
泊松分布 $P(\lambda)$	$\lambda>0$	$P(X=k) = \dfrac{\lambda^k e^{-\lambda}}{k!}, k=0,1,\cdots$	λ	λ
均匀分布 $U(a,b)$	$a<b$	$f(x) = \begin{cases} \dfrac{1}{b-a}, a<x<b, \\ 0, \quad \text{其他} \end{cases}$	$\dfrac{a+b}{2}$	$\dfrac{(b-a)^2}{12}$
指数分布 $E(\lambda)$	$\lambda>0$	$f(x) = \begin{cases} \lambda e^{-\lambda x}, x>0, \\ 0, \quad \text{其他} \end{cases}$	$\dfrac{1}{\lambda}$	$\dfrac{1}{\lambda^2}$
正态分布 $N(\mu,\sigma^2)$	$\mu, \sigma>0$	$f(x) = \dfrac{1}{\sqrt{2\pi}\sigma} e^{-\frac{(x-\mu)^2}{2\sigma^2}}$, $-\infty<x<+\infty$	μ	σ^2

§5.3 协方差与相关系数

对多维随机变量,随机变量的数学期望和方差只反映了各自的平均值与偏离程度,并不能反映随机变量之间的关系.本节将要讨论的协方差是反映随机变量之间依赖关系的一个数字特征.

一、协方差

在上一节方差的性质(3)的证明中,我们已经看到,如果两个随机变量 X 和 Y 是相互独立的,则

$$E\{[X-E(X)][Y-E(Y)]\}=0.$$

这意味着当 $E\{[X-E(X)][Y-E(Y)]\}\neq0$ 时,X 与 Y 不是相互独立的,而是存在一定关系的.

定义 1 称 $E\{[X-E(X)][Y-E(Y)]\}$ 为随机变量 X 与 Y 的**协方差**,记为 $\mathrm{Cov}(X,Y)$,即

$$\mathrm{Cov}(X,Y)=E\{[X-E(X)][Y-E(Y)]\}. \tag{1}$$

由上述定义知,对于任意两个随机变量 X 和 Y,下列等式成立:

$$D(X\pm Y)=D(X)+D(Y)\pm2\mathrm{Cov}(X,Y). \tag{2}$$

将 $\mathrm{Cov}(X,Y)$ 按定义展开,易得

$$\mathrm{Cov}(X,Y)=E(XY)-E(X)E(Y). \tag{3}$$

我们常常利用(3)式计算协方差.

若 (X,Y) 为离散型随机变量,其概率分布为

$$P(X=x_i,Y=y_i)=p_{ij}(i,j=1,2,\cdots),$$

则

$$\mathrm{Cov}(X,Y)=\sum_{ij}E\{[x_i-E(X)][y_i-E(Y)]\};$$

若 (X,Y) 为连续型随机变量,其概率分布为 $f(x,y)$,则

$$\mathrm{Cov}(X,Y)=\int_{-\infty}^{+\infty}\int_{-\infty}^{+\infty}E\{[x-E(X)][y-E(Y)]\}f(x,y)\mathrm{d}x\mathrm{d}y.$$

特别地,当 X 与 Y 相互独立时,有 $\mathrm{Cov}(X,Y)=0$.

二、协方差的性质

1. 协方差的基本性质

(1) $\mathrm{Cov}(X,X)=D(X)$；

(2) $\mathrm{Cov}(X,Y)=\mathrm{Cov}(Y,X)$；

(3) $\mathrm{Cov}(aX,bY)=ab\mathrm{Cov}(X,Y)$，其中 a,b 是常数；

(4) $\mathrm{Cov}(c,X)=0,c$ 为任意常数；

(5) $\mathrm{Cov}(X_1+X_2,Y)=\mathrm{Cov}(X_1,Y)+\mathrm{Cov}(X_2,Y)$；

(6) 若 X 与 Y 相互独立，则 $\mathrm{Cov}(X,Y)=0$.

2. 随机变量和的方差与协方差的关系

$$D(X+Y)=D(X)+D(Y)+2\mathrm{Cov}(X,Y).$$

特别地，若 X 与 Y 相互独立，则

$$D(X+Y)=D(X)+D(Y).$$

三、相关系数

协方差 $\mathrm{Cov}(X,Y)$ 在一定程度上描述了随机变量 X 与 Y 的相关性，但是协方差 $\mathrm{Cov}(X,Y)$ 是具有量纲的量.

下面，我们引入一种与量纲无关的能够描述随机变量之间的相关性的数字特征——相关系数.

定义 2 设随机变量 X,Y 的数学期望、方差都存在，称

$$\rho_{XY}=\frac{\mathrm{Cov}(X,Y)}{\sqrt{D(X)D(Y)}} \tag{4}$$

为随机变量 X 与 Y 的**相关系数**，ρ_{XY} 是一个无量纲的量.

特别地，当 $\rho_{XY}=0$ 时，称 X 与 Y 不相关.

令 $$X^*=\frac{X-E(X)}{\sqrt{D(X)}},Y^*=\frac{Y-E(Y)}{\sqrt{D(Y)}},$$

X^*,Y^* 分别称为 X,Y 的标准化随机变量. 易知：

$$E(X^*)=0,D(X^*)=1,$$

$$E(Y^*)=0,D(Y^*)=1,$$

$$\rho_{XY}=\frac{\mathrm{Cov}(X,Y)}{\sqrt{D(X)D(Y)}}=\mathrm{Cov}(X^*,Y^*)=E(X^*,Y^*).$$

四、相关系数的性质

相关系数具有如下性质：

(1) $|\rho_{XY}| \leqslant 1$.

(2) 若 X 和 Y 相互独立，则 $\rho_{XY} = 0$.

(3) 若 $D(X) > 0, D(Y) > 0$，则 $|\rho_{XY}| = 1$ 当且仅当存在常数 $a, b(a \neq 0)$，使 $P(Y = aX + b) = 1$. 而当 $a > 0$ 时，$\rho_{XY} = 1$；当 $a < 0$ 时，$\rho_{XY} = -1$.

注　相关系数 ρ_{XY} 刻画了随机变量 Y 与 X 之间的"线性相关"程度.

$|\rho_{XY}|$ 的值越接近于 1，Y 与 X 的线性相关程度越高；

$|\rho_{XY}|$ 的值越接近于 0，Y 与 X 的线性相关程度越低.

当 $|\rho_{XY}| = 1$ 时，Y 与 X 的变化可完全由 X 的线性函数给出；

当 $\rho_{XY} = 0$ 时，Y 与 X 之间不是线性关系.

设 $e = E[Y - (aX + b)]^2$，称为用 $aX + b$ 来近似 Y 的均方误差. 有下列结论：

设 $D(X) > 0, D(Y) > 0$，则 $a_0 = \dfrac{\text{Cov}(X, Y)}{D(X)}$，$b_0 = E(Y) - a_0 E(X)$ 使均方误差达到最小.

注　我们可用均方误差 e 来衡量以 $aX + b$ 近似表示 Y 的好坏程度，e 值越小，表示 $aX + b$ 与 Y 的近似程度越好，且知最佳的线性近似为 $a_0 X + b_0$，而其余线性近似的均方误差 $e = D(Y)(1 - \rho_{XY}^2)$. 从这个侧面也能说明，$|\rho_{XY}|$ 越接近于 1，e 越小，Y 与 X 的线性相关性越大；反之，$|\rho_{XY}|$ 越近于 0，e 就越大，Y 与 X 的线性相关性越小.

例 1　已知离散型随机变量 (X, Y) 的概率分布为

X＼Y	-1	0	2
0	0.1	0.2	0
1	0.3	0.05	0.1
2	0.15	0	0.1

求 $\text{Cov}(X, Y)$.

解　易得 X 的概率分布为

$$P(X=0) = 0.3, P(X=1) = 0.45, P(X=2) = 0.25;$$

Y 的概率分布为

$$P(Y=-1)=0.55, P(Y=0)=0.25, P(Y=2)=0.2.$$

于是有

$$E(X)=0\times0.3+1\times0.45+2\times0.25=0.95,$$

$$E(Y)=(-1)\times0.55+0\times0.25+2\times0.2=-0.15,$$

计算得

$$E(XY)=0\times(-1)\times0.1+0\times0\times0.2+0\times2\times0+1\times(-1)\times0.3+$$

$$1\times0\times0.05+1\times2\times0.1+2\times(-1)\times0.15+2\times0\times0+2\times2\times0.1$$

$$=0.$$

于是

$$\mathrm{Cov}(X,Y)=E(XY)-E(X)E(Y)$$

$$=0.95\times0.15=0.142\ 5.$$

例 2　设连续型随机变量 (X,Y) 的密度函数为

$$f(x,y)=\begin{cases}8xy, & 0\leqslant x\leqslant y\leqslant 1,\\ 0, & \text{其他},\end{cases}$$

求 $\mathrm{Cov}(X,Y)$.

解　由 (X,Y) 的密度函数可求得其边缘密度函数分别为

$$f_X(x)=\begin{cases}4x(1-x^2), & 0\leqslant x\leqslant 1,\\ 0, & \text{其他},\end{cases}$$

$$f_Y(y)=\begin{cases}4y^3, & 0\leqslant y\leqslant 1,\\ 0, & \text{其他},\end{cases}$$

于是

$$E(X)=\int_{-\infty}^{+\infty}xf_X(x)\mathrm{d}x=\int_0^1 x\cdot4x(1-x^2)\mathrm{d}x=\frac{8}{15},$$

$$E(Y)=\int_{-\infty}^{+\infty}yf_Y(y)\mathrm{d}y=\int_0^1 y\cdot4y^3\mathrm{d}y=\frac{4}{5},$$

$$E(XY)=\int_{-\infty}^{+\infty}\int_{-\infty}^{+\infty}xyf(x,y)\mathrm{d}x\mathrm{d}y=\int_0^1\mathrm{d}x\int_x^1 xy\cdot8xy\mathrm{d}y=\frac{4}{9},$$

从而

$$\mathrm{Cov}(X,Y)=E(XY)-E(X)E(Y)=\frac{4}{225}.$$

又

$$E(X^2) = \int_{-\infty}^{+\infty} x^2 f_X(x)\,\mathrm{d}x = \int_0^1 x^2 \cdot 4x(1-x^2)\,\mathrm{d}x = \frac{1}{3},$$

$$E(Y^2) = \int_{-\infty}^{+\infty} y^2 f_Y(y)\,\mathrm{d}y = \int_0^1 y^2 \cdot 4y^3\,\mathrm{d}y = \frac{2}{3},$$

所以

$$D(X) = E(X^2) - [E(X)]^2 = \frac{11}{225},$$

$$D(Y) = E(Y^2) - [E(Y)]^2 = \frac{2}{75}.$$

故

$$D(X+Y) = D(X) + D(Y) + 2\mathrm{Cov}(X,Y) = \frac{1}{9}.$$

例 3　设 (X,Y) 的分布律为

X \ Y	-2	-1	1	2	$p_{\cdot j}$
1	0	$\dfrac{1}{4}$	$\dfrac{1}{4}$	0	$\dfrac{1}{2}$
4	$\dfrac{1}{4}$	0	0	$\dfrac{1}{4}$	$\dfrac{1}{2}$
$p_{i\cdot}$	$\dfrac{1}{4}$	$\dfrac{1}{4}$	$\dfrac{1}{4}$	$\dfrac{1}{4}$	1

易知
$$E(X)=0,\ E(Y)=\frac{5}{2},\ E(XY)=0,$$

于是 $\rho_{XY}=0$，X,Y 不相关，这表示 X,Y 不存在线性关系. 但

$$P(X=-2,Y=1)=0 \neq P(X=-2)P(Y=1),$$

故 X,Y 不是相互独立的.

例 4　设 θ 服从 $[-\pi,\pi]$ 上的均匀分布，且 $X=\sin\theta,Y=\cos\theta$，判断 X 与 Y 是否相关，是否独立.

解　由于

$$E(X) = \frac{1}{2\pi}\int_{-\pi}^{\pi}\sin\theta\mathrm{d}\theta = 0,$$

$$E(Y) = \frac{1}{2\pi}\int_{-\pi}^{\pi}\cos\theta\mathrm{d}\theta = 0,$$

而

$$E(XY) = \frac{1}{2\pi}\int_{-\pi}^{\pi}\sin\theta\cos\theta\mathrm{d}\theta = 0,$$

故 $$E(XY)=E(X)E(Y).$$

从而 X 与 Y 不相关. 但由于 X 与 Y 满足关系:

$$X^2+Y^2=1,$$

所以 X 与 Y 不独立.

例 5 已知 $X\sim N(1,3^2),Y\sim N(0,4^2)$,且 X 与 Y 的相关系数

$$\rho_{XY}=-\frac{1}{2}.$$

设 $Z=\dfrac{X}{3}-\dfrac{Y}{2}$,求 $D(Z)$ 及 ρ_{XZ}.

解 因 $D(X)=3^2,D(Y)=4^2$,且

$$\text{Cov}(X,Y)=\sqrt{D(X)}\,\sqrt{D(Y)}\,\rho_{XY}=3\times4\times\left(-\frac{1}{2}\right)=-6,$$

所以

$$D(Z)=D\left(\frac{X}{3}-\frac{Y}{2}\right)=\frac{1}{9}D(X)+\frac{1}{4}D(Y)-2\text{Cov}\left(\frac{X}{3},\frac{Y}{2}\right)$$

$$=\frac{1}{9}D(X)+\frac{1}{4}D(Y)-2\times\frac{1}{3}\times\frac{1}{2}\text{Cov}(X,Y)$$

$$=7.$$

又因

$$\text{Cov}(X,Z)=\text{Cov}\left(X,\frac{X}{3}-\frac{Y}{2}\right)=\text{Cov}\left(X,\frac{X}{3}\right)-\text{Cov}\left(X,\frac{Y}{2}\right)$$

$$=\frac{1}{3}\text{Cov}(X,X)-\frac{1}{2}\text{Cov}(X,Y)$$

$$=\frac{1}{3}D(X)-\frac{1}{2}\text{Cov}(X,Y)$$

$$=6,$$

故

$$\rho_{XY}=\frac{\text{Cov}(X,Z)}{\sqrt{D(X)}\,\sqrt{D(Z)}}=\frac{6}{3\times\sqrt{7}}=\frac{2\sqrt{7}}{7}.$$

§5.4 切比雪夫不等式 大数定律

我们知道,方差是用来计量一个随机变量取值的分散程度的,设 ξ 的方差为 $\sigma^2(\xi)$,标准差为 $\sigma(\xi)$. 下面来具体估计事件 $\{|\xi-E(\xi)|\geqslant k\sigma(\xi)\}$ 的概率,其中

$k>0$ 为任一常数.

一、切比雪夫不等式

定理 1 设随机变量 X 的期望 $E(X)=\mu$,方差 $D(X)=\sigma^2$,则对于任意给定的正数 ε,有

$$P(|X-\mu|\geqslant\varepsilon)\leqslant\frac{\sigma^2}{\varepsilon^2},$$

这个不等式称为**切比雪夫不等式**.

证 这里只证明 X 为连续型随机变量的情形.

设 X 的概率密度为 $f(x)$,则有(见图 5-2)

$$
\begin{aligned}
P(|X-\mu|\geqslant\varepsilon) &= \int_{|x-\mu|\geqslant\varepsilon} f(x)\mathrm{d}x \\
&\leqslant \int_{|x-\mu|\geqslant\varepsilon} \frac{|x-\mu|^2}{\varepsilon^2} f(x)\mathrm{d}x \\
&\leqslant \frac{1}{\varepsilon^2}\int_{-\infty}^{+\infty}(x-\mu)^2 f(x)\mathrm{d}x = \frac{\sigma^2}{\varepsilon^2}.
\end{aligned}
$$

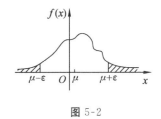

图 5-2

注 切比雪夫不等式也可以写成

$$P(|X-\mu|<\varepsilon)\geqslant 1-\frac{\sigma^2}{\varepsilon^2}.$$

切比雪夫不等式表明:随机变量 X 的方差越小,则事件 $\{|X-\mu|<\varepsilon\}$ 发生的概率越大,即 X 的取值基本上集中在它的期望 μ 附近. 由此可见,方差刻画了随机变量取值的离散程度.

在方差已知的情况下,切比雪夫不等式给出了 X 与它的期望 μ 的偏差不小于 ε 的概率的估计式. 例如,取 $\varepsilon=3\sigma$(见图 3-12),则有

$$P(|X-\mu|\geqslant 3\sigma)\leqslant\frac{\sigma^2}{9\sigma^2}\approx 0.111.$$

于是,对任意给定的分布,只要期望和方差存在,则随机变量 X 的取值偏离 μ 超过 3 倍均方差的概率小于 0.111.

此外,切比雪夫不等式作为一个理论工具,它的应用是普遍的.

例 1 在每次试验中,事件 A 发生的概率为 0.75,试用切比雪夫不等式求独立试验次数 n 取值最小多少时,事件 A 出现的频率在 0.74～0.76 的概率至少为 0.90.

解 设 X 为 n 次试验中事件 A 出现的次数,则 $X \sim B(n, 0.75)$,且 $\mu = 0.75n$,

$$\sigma^2 = 0.75 \times 0.25n = 0.187\ 5n,$$

所求为满足 $P\left(0.74 < \dfrac{X}{n} < 0.76\right) \geqslant 0.90$ 的最小的 n. 由

$$P(0.74n < X < 0.76n) = P(-0.01n < X - 0.75n < 0.01n)$$
$$= P(|X - \mu| < 0.01n),$$

在切比雪夫不等式中取 $\varepsilon = 0.01n$,则

$$P\left(0.74 < \frac{X}{n} < 0.76\right) = P(|X - \mu| < 0.01n)$$

$$\geqslant 1 - \frac{\sigma^2}{(0.01n)^2} = 1 - \frac{0.187\ 5n}{0.000\ 1n^2} = 1 - \frac{1\ 875}{n}.$$

依题意,取 n,使 $1 - \dfrac{1\ 875}{n} \geqslant 0.9$,解得

$$n \geqslant \frac{1\ 875}{1 - 0.9} = 18\ 750,$$

即 n 取 18 750 时,可以使得在 n 次独立重复试验中,事件 A 出现的频率在 0.74~0.76 的概率至少为 0.90.

二、大数定律

首先引入随机变量序列 $X_1, X_2, \cdots, X_n, \cdots$ 相互独立的概念. 若对于任意 $n > 1$,$X_1, X_2, \cdots, X_n$ 都相互独立,则称 $X_1, X_2, \cdots, X_n, \cdots$ 相互独立.

定理 2(大数定律) 设随机变量 $X_1, X_2, \cdots, X_n, \cdots$ 相互独立,且具有相同的期望和方差:

$$E(X_i) = \mu, D(X_i) = \sigma^2, i = 1, 2, \cdots.$$

记 $Y_n = \dfrac{1}{n} \sum\limits_{i=1}^{n} X_i$,则对任意 $\varepsilon > 0$,有

$$\lim_{n \to \infty} P(|Y_n - \mu| < \varepsilon) = 1.$$

证
$$E(Y_n) = \frac{1}{n} \sum_{i=1}^{n} E(X_i) = \mu,$$

$$D(Y_n) = \frac{1}{n^2} \sum_{i=1}^{n} D(X_i) = \frac{\sigma^2}{n}.$$

由切比雪夫不等式,得

$$P(|Y_n - \mu| < \varepsilon) \geqslant 1 - \frac{\sigma^2}{n\varepsilon^2}.$$

令 $n \to \infty$,再注意到概率不可能大于 1,即得

$$\lim_{n \to \infty} P(|Y_n - \mu| < \varepsilon) = 1.$$

推论 设 n_A 是 n 重伯努利试验中事件 A 发生的次数,p 是事件 A 在每次试验中发生的概率,则对任意的 $\varepsilon > 0$,有

$$\lim_{n \to \infty} P\left(\left|\frac{n_A}{n} - p\right| < \varepsilon\right) = 1.$$

证 因为 $n_A \sim B(n, p)$,所以

$$n_A = X_1 + X_2 + \cdots + X_n,$$

其中 $X_1, X_2, \cdots, X_n$ 相互独立,且都服从以 p 为参数的 0 - 1 分布,因而

$$E(X_i) = p, D(X_i) = p(1-p), i = 1, 2, \cdots, n.$$

注意到 $\dfrac{1}{n} \sum\limits_{i=1}^{n} X_i = \dfrac{n_A}{n}$,由定理 2 可得

$$\lim_{n \to \infty} P\left(\left|\frac{n_A}{n} - p\right| < \varepsilon\right) = 1.$$

注 (1) 这个推论是最早的一个大数定理,称为伯努利定理.定理以严格的数学形式表达了频率的稳定性.在实际应用中,当试验次数很大时,便可以用事件发生的频率来近似替代事件的概率.

(2) 如果事件 A 的概率很小,那么由伯努利定理知,事件 A 发生的频率也是很小的,或者说事件 A 很少发生,即"概率很小的随机事件在个别试验中几乎不会发生",这一原理称为**小概率原理**.它的实际应用很广泛,但应注意到,小概率事件与不可能事件是有区别的,在多次试验中,小概率事件也可能发生.

三、中心极限定理

在实际问题中,许多随机现象是由大量相互独立的随机因素综合影响所形成的,其中每一个因素在总的影响中所起的作用是微小的,这一类随机变量一般都服从或近似服从正态分布.以一门大炮的射程为例,影响大炮的射程的随机因素包括:大炮炮身结构导致的误差,炮弹及炮弹内炸药质量导致的误差,瞄准时的误差,受风速、风向的干扰而造成的误差等.其中每一种误差造成的影响在总

的影响中所起的作用是微小的,并且可以看成是相互独立的,人们关心的是这众多误差因素对大炮射程所造成的总的影响.因此,需要讨论大量独立随机变量和的问题.

下面的中心极限定理证明了在一般条件下,无论随机变量 $X_i(i=1,2,\cdots)$ 服从何种分布,当 $n\to\infty$ 时,n 个随机变量的和 $\sum\limits_{i=1}^{n}X_i$ 的极限分布均为正态分布.

定理 3(独立同分布的中心极限定理) 设随机变量 $X_1,X_2,\cdots,X_n,\cdots$ 相互独立,服从同一分布,且

$$E(X_i)=\mu,D(X_i)=\sigma^2(i=1,2,\cdots),$$

则

$$\lim_{n\to\infty}P\left(\frac{\sum\limits_{i=1}^{n}X_i-n\mu}{\sigma\sqrt{n}}\leqslant x\right)=\int_{-\infty}^{x}\frac{1}{\sqrt{2\pi}}e^{-\frac{t^2}{2}}dt.$$

注 (1) 定理表明:当 n 充分大时,n 个具有期望和方差的独立同分布的随机变量之和近似服从正态分布.

(2) 由定理的结论,有

$$\frac{\sum\limits_{i=1}^{n}X_i-n\mu}{\sigma\sqrt{n}}\overset{近似}{\sim}N(0,1),$$

即

$$\frac{\frac{1}{n}\sum\limits_{i=1}^{n}X_i-\mu}{\frac{\sigma}{\sqrt{n}}}\overset{近似}{\sim}N(0,1),$$

于是 $\overline{X}=\dfrac{1}{n}\sum\limits_{i=1}^{n}X_i\overset{近似}{\sim}N\left(\mu,\dfrac{\sigma^2}{n}\right).$

也就是说,当 n 充分大时,均值为 μ,方差为 $\sigma^2(\sigma^2>0)$ 的独立同分布的随机变量 $X_1,X_2,\cdots,X_n,\cdots$ 的算术平均值 $\overline{X}$ 近似服从均值为 μ,方差为 $\dfrac{\sigma^2}{n}$ 的正态分布.

例 2 一盒同型号螺丝钉共有 100 个,已知该型号的螺丝钉的质量是一个随机变量,期望是 100 g,标准差是 10 g,求一盒螺丝钉的质量超过 10.2 kg 的概率.

解 设 X_i 为第 i 个螺丝钉的质量,$i=1,2,\cdots,100$,且它们之间独立同分

布,于是一盒螺丝钉的质量为 $X = \sum\limits_{i=1}^{100} X_i$,且

$$\mu = E(X_i) = 100, \sigma = \sqrt{D(X_i)} = 10, n = 100.$$

由中心极限定理,有

$$P(X > 10\ 200) = P\left(\frac{\sum\limits_{i=1}^{n} X_i - n\mu}{\sigma\sqrt{n}} > \frac{10\ 200 - n\mu}{\sigma\sqrt{n}}\right)$$

$$= P\left(\frac{X - 10\ 000}{100} > \frac{10\ 200 - 10\ 000}{100}\right)$$

$$= P\left(\frac{X - 10\ 000}{100} > 2\right)$$

$$= 1 - P\left(\frac{X - 10\ 000}{100} \leqslant 2\right)$$

$$\approx 1 - \Phi(2) = 1 - 0.977\ 25 = 0.022\ 75.$$

即一盒螺丝钉的质量超过 10.2 kg 的概率为 0.022 75.

作为定理 3 的一个重要特例,有以下的棣莫弗-拉普拉斯定理:

定理 4(棣莫弗-拉普拉斯定理)　设随机变量 $X_1, X_2, \cdots, X_n, \cdots$ 相互独立,并且都服从参数为 p 的两点分布,则对任意实数 x,有

$$\lim_{n \to \infty} P\left(\frac{\sum\limits_{i=1}^{n} X_i - np}{\sqrt{np(1-p)}} \leqslant x\right) = \int_{-\infty}^{x} \frac{1}{\sqrt{2\pi}} \mathrm{e}^{-\frac{t^2}{2}} \mathrm{d}t = \Phi(x).$$

证　$E(X_k) = p, D(X_k) = p(1-p)(k = 1, 2, \cdots, n)$,由定理 3 可证得定理结论.

例 3　某车间有 200 台车床,在生产期间由于需要检修、调换刀具、变换位置及调换工作等,故常需车床停工. 设开工率为 0.6,并设每台车床的工作是相互独立的,且在开工时需电力 1 kW. 问应供应多少千瓦的电力才能以 99.9% 的概率保证该车间不会因供电不足而影响生产?

解　对每台车床的观察作为一次试验,每次试验观察该台车床在某时刻是否工作,每台车床工作的概率为 0.6,共进行 200 次试验. 用 X 表示在某时刻工作着的车床数,依题意,$X \sim B(200, 0.6)$. 现在的问题是:求满足 $P(X \leqslant N) \geqslant 0.999$ 的最小的 N.

由定理 4 可知

$$\frac{X-np}{\sqrt{np(1-p)}} \overset{\text{近似}}{\sim} N(0,1),$$

这里，

$$np=120, np(1-p)=48,$$

于是

$$P(X\leqslant N)\approx\Phi\left(\frac{N-120}{\sqrt{48}}\right).$$

由 $\Phi\left(\dfrac{N-120}{\sqrt{48}}\right)\geqslant 0.999$，查标准正态分布表得

$$\Phi(3.1)=0.999,$$

故

$$\frac{N-120}{\sqrt{48}}\geqslant 3.1,$$

解得 $N\geqslant 141.5$，即 $N=142$.

也就是，应供应 142 kW 的电力才能以 99.9% 的概率保证该车间不会因供电不足而影响生产.

 习 题 5

1. 10 个人随机地进入 15 个房间，每个房间容纳的人数不限，设 X 表示有人的房间数，求 $E(X)$（设每个人进入每个房间是等可能的，且各人是否进入房间相互独立）.

2. 某城市一天内发生严重刑事案件的件数 Y 服从以 $\dfrac{1}{3}$ 为参数的泊松分布，以 X 记一年内未发生严重刑事案件的天数，求 X 的数学期望.

3. 将 n 个球（$1\sim n$ 号）随机地放进 n 个盒子（$1\sim n$ 号），一个盒子装一个球. 若一个球装入与球同号的盒子中，称为一个配对，记 X 为总的配对数，求 $E(X)$.

4. 某车间的圆盘其直径在区间 (a,b) 内服从均匀分布，试求圆盘面积的数学期望.

5. 设随机变量 X 的分布律如下表所示：

X	1	2	3
P	0.3	0.5	0.2

求：(1) $Y=2X-1$ 的期望与方差；(2) $Z=X^2$ 的期望与方差.

6. 设 X 服从参数为 2 的指数分布，且 $Y=X+\mathrm{e}^{-2X}$，求 $E(Y)$ 与 $D(Y)$.

7. 设连续型随机变量 X 的概率密度为

$$f(x)=\begin{cases} ax, & 0<x<2, \\ cx+b, & 2\leqslant x<4, \\ 0, & \text{其他.} \end{cases}$$

已知 $E(X)=2, P(1<X<3)=\dfrac{3}{4}$，求：

(1) 常数 a,b,c 的值；

(2) 随机变量 $Y=\mathrm{e}^X$ 的期望与方差.

8. 设某厂生产的某种产品的不合格率为 10%，假设生产一件不合格品要亏损 2 元，每生产一件合格品可获利 10 元，求每件产品的平均利润.

9. 一台设备由三大部件构成，在设备运转中部件需要调整的概率为 0.1, 0.2, 0.3，假设各部件的状态相互独立，以 X 表示同时需要调整的部件数，试求 X 的期望与方差.

10. 设随机变量 X 的概率密度为

$$f(x)=\begin{cases} ax^2+bx+c, & 0<x<1, \\ 0, & \text{其他,} \end{cases}$$

并已知 $E(X)=0.5, D(X)=0.15$，求系数 a,b,c.

11. 设随机变量 X_1, X_2, X_3 相互独立，其中 X_1 在 $[0,1]$ 上服从均匀分布，X_2 服从正态分布 $N(0,2^2)$，X_3 服从参数为 $\lambda=3$ 的泊松分布，求 $E[(X_1-2X_2+3X_3)^2]$.

12. 已知 (X,Y) 的联合分布律为

X＼Y	−1	0	1
−1	$\frac{1}{8}$	$\frac{1}{8}$	$\frac{1}{8}$
0	$\frac{1}{8}$	0	$\frac{1}{8}$
1	$\frac{1}{8}$	$\frac{1}{8}$	$\frac{1}{8}$

(1) 求 $E(X),E(Y),D(X),D(Y)$；

(2) 求 $\mathrm{Cov}(X,Y),\rho_{XY}$；

(3) 问 X,Y 是否相关？是否独立？

13. 已知 $X\sim N(1,3^2)$，$Y\sim N(0,4^2)$，$\rho_{XY}=-\frac{1}{2}$，设 $Z=\frac{X}{3}+\frac{Y}{2}$，求 Z 的期望与方差及 X 与 Z 的相关系数.

14. 设 X,Y 的概率密度为

$$f(x,y)=\begin{cases}1, & |y|\leqslant x,0\leqslant x\leqslant 1,\\ 0, & 其他.\end{cases}$$

求：(1) 关于 X,Y 的边缘概率密度；

(2) $E(X),E(Y),D(X),D(Y)$；

(3) $\mathrm{Cov}(X,Y)$.

15. 在每次试验中，事件 A 发生的概率为 0.5，利用切比雪夫不等式估计，在 1 000 次独立重复试验中，事件 A 发生的次数在 400～600 的概率.

16. 一个供电网内共有 10 000 盏功率相同的灯，夜晚每一盏灯开着的概率都是 0.7，假设各盏灯开、关彼此独立，求夜晚同时开着的灯数在 6 800 到 7 200 之间的概率.

17. 设各零件的质量都是随机变量，它们相互独立，且服从相同的分布，其数学期望为 0.5 kg，均方差为 0.1 kg，问 5 000 只零件的总质量超过 2 510 kg 的概率是多少？

附表 1　标准正态分布表

$$\Phi(x) = \int_{-\infty}^{x} \frac{1}{\sqrt{2\pi}} e^{-\frac{t^2}{2}} dt$$

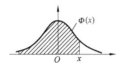

x	0.00	0.01	0.02	0.03	0.04	0.05	0.06	0.07	0.08	0.09	x
0.0	0.5000	0.5040	0.5080	0.5120	0.5160	0.5199	0.5239	0.5279	0.5319	0.5359	0.0
0.1	0.5398	0.5438	0.5478	0.5517	0.5557	0.5596	0.5636	0.5675	0.5714	0.5753	0.1
0.2	0.5793	0.5832	0.5871	0.5910	0.5948	0.5987	0.6026	0.6064	0.6103	0.6141	0.2
0.3	0.6179	0.6217	0.6255	0.6293	0.6331	0.6368	0.6506	0.6443	0.6480	0.6517	0.3
0.4	0.6554	0.6591	0.6628	0.6664	0.6700	0.6736	0.6772	0.6808	0.6844	0.6879	0.4
0.5	0.6915	0.6950	0.6985	0.7019	0.7054	0.7088	0.7123	0.7157	0.7190	0.7224	0.5
0.6	0.7257	0.7291	0.7324	0.7357	0.7389	0.7422	0.7454	0.7486	0.7517	0.7549	0.6
0.7	0.7580	0.7611	0.7642	0.7673	0.7703	0.7734	0.7764	0.7794	0.7823	0.7852	0.7
0.8	0.7881	0.7910	0.7939	0.7967	0.7995	0.8023	0.8051	0.8078	0.8106	0.8133	0.8
0.9	0.8159	0.8186	0.8212	0.8238	0.8264	0.8289	0.8315	0.8340	0.8365	0.8389	0.9
1.0	0.8413	0.8438	0.8461	0.8485	0.8508	0.8531	0.8554	0.8577	0.8599	0.8621	1.0
1.1	0.8643	0.8665	0.8686	0.8708	0.8729	0.8749	0.8770	0.8790	0.8810	0.8830	1.1
1.2	0.8849	0.8869	0.8888	0.8907	0.8925	0.8944	0.8962	0.8980	0.8997	0.90147	1.2
1.3	0.90320	0.90490	0.90658	0.90824	0.90988	0.91149	0.91309	0.91466	0.91621	0.91774	1.3
1.4	0.91924	0.92073	0.92220	0.92364	0.92507	0.92647	0.92785	0.92922	0.93056	0.93189	1.4
1.5	0.93319	0.93448	0.93574	0.93699	0.93822	0.93943	0.94062	0.94179	0.94295	0.94408	1.5
1.6	0.94520	0.94630	0.94738	0.94845	0.94950	0.95053	0.95154	0.95254	0.95352	0.95449	1.6
1.7	0.95443	0.95637	0.95728	0.95818	0.95907	0.95994	0.96080	0.96164	0.96246	0.96327	1.7
1.8	0.96407	0.96485	0.96562	0.96638	0.96712	0.96784	0.96856	0.96926	0.96995	0.97062	1.8
1.9	0.97128	0.97193	0.97257	0.97320	0.97381	0.97441	0.97500	0.97558	0.97615	0.97670	1.9
2.0	0.97725	0.97778	0.97831	0.97882	0.97932	0.97982	0.98030	0.98077	0.98124	0.98169	2.0
2.1	0.98214	0.98257	0.98300	0.98341	0.98382	0.98422	0.98461	0.98500	0.98537	0.98574	2.1
2.2	0.98610	0.98645	0.98679	0.98713	0.98745	0.98778	0.98809	0.98840	0.98870	0.98899	2.2
2.3	0.98928	0.98956	0.98983	$0.9^2 0097$	$0.9^2 0358$	$0.9^2 0613$	$0.9^2 0863$	$0.9^2 1106$	$0.9^2 1344$	$0.9^2 1576$	2.3
2.4	$0.9^2 1802$	$0.9^2 2024$	$0.9^2 2240$	$0.9^2 2451$	$0.9^2 2656$	$0.9^2 2857$	$0.9^2 3053$	$0.9^2 3244$	$0.9^2 3431$	$0.9^2 3613$	2.4
2.5	$0.9^2 3790$	$0.9^2 3963$	$0.9^2 4132$	$0.9^2 4297$	$0.9^2 4457$	$0.9^2 4614$	$0.9^2 4766$	$0.9^2 4915$	$0.9^2 5060$	$0.9^2 5201$	2.5
2.6	$0.9^2 5339$	$0.9^2 5473$	$0.9^2 5604$	$0.9^2 5731$	$0.9^2 5855$	$0.9^2 5975$	$0.9^2 6093$	$0.9^2 6207$	$0.9^2 6319$	$0.9^2 6427$	2.6
2.7	$0.9^2 6533$	$0.9^2 6636$	$0.9^2 6736$	$0.9^2 6833$	$0.9^2 6928$	$0.9^2 7020$	$0.9^2 7110$	$0.9^2 7197$	$0.9^2 7282$	$0.9^2 7365$	2.7
2.8	$0.9^2 7445$	$0.9^2 7523$	$0.9^2 7599$	$0.9^2 7673$	$0.9^2 7744$	$0.9^2 7814$	$0.9^2 7882$	$0.9^2 7948$	$0.9^2 8012$	$0.9^2 8074$	2.8
2.9	$0.9^2 8134$	$0.9^2 8193$	$0.9^2 8250$	$0.9^2 8305$	$0.9^2 8359$	$0.9^2 8411$	$0.9^2 8462$	$0.9^2 8511$	$0.9^2 8559$	$0.9^2 8605$	2.9

x	0.00	0.01	0.02	0.03	0.04	0.05	0.06	0.07	0.08	0.09	x
3.0	$0.9^2 8650$	$0.9^2 8694$	$0.9^2 8736$	$0.9^2 8777$	$0.9^2 8817$	$0.9^2 8856$	$0.9^2 8893$	$0.9^2 8930$	$0.9^2 8965$	$0.9^2 8999$	3.0
3.1	$0.9^3 0324$	$0.9^3 0646$	$0.9^3 0957$	$0.9^3 1260$	$0.9^3 1553$	$0.9^3 1836$	$0.9^3 2112$	$0.9^3 2378$	$0.9^3 2636$	$0.9^3 2886$	3.1
3.2	$0.9^3 3129$	$0.9^3 3363$	$0.9^3 3590$	$0.9^3 3810$	$0.9^3 4024$	$0.9^3 4230$	$0.9^3 4429$	$0.9^3 4623$	$0.9^3 4810$	$0.9^3 4991$	3.2
3.3	$0.9^3 5166$	$0.9^3 5335$	$0.9^3 5499$	$0.9^3 5658$	$0.9^3 5811$	$0.9^3 5959$	$0.9^3 6103$	$0.9^3 6242$	$0.9^3 6376$	$0.9^3 6505$	3.3
3.4	$0.9^3 6631$	$0.9^3 6752$	$0.9^3 6869$	$0.9^3 6982$	$0.9^3 7091$	$0.9^3 7197$	$0.9^3 7299$	$0.9^3 7398$	$0.9^3 7493$	$0.9^3 7585$	3.4
3.5	$0.9^3 7674$	$0.9^3 7759$	$0.9^3 7842$	$0.9^3 7922$	$0.9^3 7999$	$0.9^3 8074$	$0.9^3 8146$	$0.9^3 8215$	$0.9^3 8282$	$0.9^3 8347$	3.5
3.6	$0.9^3 8409$	$0.9^3 8469$	$0.9^3 8527$	$0.9^3 8583$	$0.9^3 8637$	$0.9^3 8689$	$0.9^3 8739$	$0.9^3 8787$	$0.9^3 8834$	$0.9^3 8879$	3.6
3.7	$0.9^3 8922$	$0.9^3 8964$	$0.9^4 0039$	$0.9^4 0426$	$0.9^4 0799$	$0.9^4 1158$	$0.9^4 1504$	$0.9^4 1838$	$0.9^4 2159$	$0.9^4 2468$	3.7
3.8	$0.9^4 2765$	$0.9^4 3052$	$0.9^4 3327$	$0.9^4 3593$	$0.9^4 3848$	$0.9^4 4094$	$0.9^4 4331$	$0.9^4 4558$	$0.9^4 4777$	$0.9^4 4988$	3.8
3.9	$0.9^4 5190$	$0.9^4 5385$	$0.9^4 5573$	$0.9^4 5753$	$0.9^4 5926$	$0.9^4 6092$	$0.9^4 6253$	$0.9^4 6406$	$0.9^4 6554$	$0.9^4 6696$	3.9
4.0	$0.9^4 6833$	$0.9^4 6964$	$0.9^4 7090$	$0.9^4 7211$	$0.9^4 7327$	$0.9^4 7439$	$0.9^4 7546$	$0.9^4 7649$	$0.9^4 7748$	$0.9^4 7843$	4.0
4.1	$0.9^4 7934$	$0.9^4 8022$	$0.9^4 8106$	$0.9^4 8186$	$0.9^4 8263$	$0.9^4 8338$	$0.9^4 8409$	$0.9^4 8477$	$0.9^4 8542$	$0.9^4 8605$	4.1
4.2	$0.9^4 8665$	$0.9^4 8723$	$0.9^4 8778$	$0.9^4 8832$	$0.9^4 8882$	$0.9^4 8931$	$0.9^4 8978$	$0.9^5 0226$	$0.9^5 0655$	$0.9^5 1066$	4.2
4.3	$0.9^5 1460$	$0.9^5 1837$	$0.9^5 2199$	$0.9^5 2545$	$0.9^5 2876$	$0.9^5 3193$	$0.9^5 3497$	$0.9^5 3788$	$0.9^5 4066$	$0.9^5 6332$	4.3
4.4	$0.9^5 4587$	$0.9^5 4831$	$0.9^5 5065$	$0.9^5 5288$	$0.9^5 5502$	$0.9^5 5706$	$0.9^5 5902$	$0.9^5 6089$	$0.9^5 6268$	$0.9^5 6439$	4.4
4.5	$0.9^5 6602$	$0.9^5 6759$	$0.9^5 6908$	$0.9^5 7051$	$0.9^5 7187$	$0.9^5 7318$	$0.9^5 7442$	$0.9^5 7561$	$0.9^5 7675$	$0.9^5 7784$	4.5
4.6	$0.9^5 7888$	$0.9^5 7987$	$0.9^5 8081$	$0.9^5 8172$	$0.9^5 8258$	$0.9^5 8340$	$0.9^5 8419$	$0.9^5 8494$	$0.9^5 8566$	$0.9^5 8634$	4.6
4.7	$0.9^5 8699$	$0.9^5 8761$	$0.9^5 8821$	$0.9^5 8877$	$0.9^5 8931$	$0.9^5 8983$	$0.9^6 0320$	$0.9^6 0789$	$0.9^6 1235$	$0.9^6 1661$	4.7
4.8	$0.9^6 2067$	$0.9^6 2453$	$0.9^6 2822$	$0.9^6 3173$	$0.9^6 3508$	$0.9^6 3827$	$0.9^6 4131$	$0.9^6 4420$	$0.9^6 4696$	$0.9^6 4958$	4.8
4.9	$0.9^6 5208$	$0.9^6 5446$	$0.9^6 5673$	$0.9^6 5889$	$0.9^6 6094$	$0.9^6 6289$	$0.9^6 6475$	$0.9^6 6652$	$0.9^6 6821$	$0.9^6 6981$	4.9

附表 2 二项分布表

$$P(X \leq x) = \sum_{k=0}^{x} C_n^k p^k (1-p)^{n-k}$$

n	x	0.001	0.002	0.0025	0.003	0.005	0.01	0.02	0.025	0.03	0.05	0.1	0.15	0.2	0.25	0.3	0.4	0.5
1	0	0.9990	0.9980	0.9975	0.9970	0.9950	0.9900	0.9800	0.9750	0.9700	0.9500	0.9000	0.8500	0.8000	0.7500	0.7000	0.6000	0.5000
2	0	0.9980	0.9960	0.9950	0.9940	0.9900	0.9801	0.9604	0.9506	0.9409	0.9025	0.8100	0.7225	0.6400	0.5625	0.4900	0.3600	0.2500
2	1	1	1	1	1	1	0.9999	0.9996	0.9994	0.9991	0.9975	0.9900	0.9775	0.9600	0.9375	0.9100	0.8400	0.7500
3	0	0.9970	0.9940	0.9925	0.9910	0.9851	0.9703	0.9412	0.9269	0.9127	0.8574	0.7290	0.6141	0.5120	0.4219	0.3430	0.2160	0.1250
3	1	1	1	1	1	0.9999	0.9997	0.9988	0.9982	0.9974	0.9928	0.9720	0.9393	0.8960	0.8438	0.7840	0.6480	0.5000
3	2	1	1	1	1	1	1	1	1	1	0.9999	0.9990	0.9966	0.9920	0.9844	0.9730	0.9360	0.8750
4	0	0.9960	0.9920	0.9900	0.9881	0.9801	0.9606	0.9224	0.9037	0.8853	0.8145	0.6561	0.5220	0.4096	0.3164	0.2401	0.1296	0.0625
4	1	1	1	1	0.9999	0.9999	0.9994	0.9977	0.9964	0.9948	0.9860	0.9477	0.8905	0.8192	0.7383	0.6517	0.4752	0.3125
4	2	1	1	1	1	1	1	0.9999	0.9999	0.9999	0.9995	0.9963	0.9880	0.9728	0.9492	0.9163	0.8208	0.6875
4	3	1	1	1	1	1	1	1	1	1	1	0.9999	0.9995	0.9984	0.9961	0.9919	0.9744	0.9375
5	0	0.9950	0.9900	0.9876	0.9851	0.9752	0.9510	0.9039	0.8811	0.8587	0.7738	0.5905	0.4437	0.3277	0.2373	0.1681	0.0778	0.0313
5	1	1	1	0.9999	0.9999	0.9998	0.9990	0.9962	0.9941	0.9915	0.9774	0.9185	0.8352	0.7373	0.6328	0.5282	0.3370	0.1875
5	2	1	1	1	1	1	1	0.9999	0.9998	0.9997	0.9988	0.9914	0.9734	0.9421	0.8965	0.8369	0.6826	0.5000
5	3	1	1	1	1	1	1	1	1	1	1	0.9995	0.9978	0.9933	0.9844	0.9692	0.9130	0.8125
5	4	1	1	1	1	1	1	1	1	1	1	1	0.9999	0.9997	0.9990	0.9976	0.9898	0.9688

(列标题 p 对应各 p 值)

续表

n	x	\(p\) 0.001	0.002	0.0025	0.003	0.005	0.01	0.02	0.025	0.03	0.05	0.1	0.15	0.2	0.25	0.3	0.4	0.5
6	0	0.9940	0.9881	0.9851	0.9821	0.9704	0.9415	0.8858	0.8591	0.8330	0.7351	0.5314	0.3771	0.2621	0.1780	0.1176	0.0467	0.0156
6	1	1	0.9999	0.9999	0.9999	0.9996	0.9985	0.9943	0.9912	0.9875	0.9672	0.8857	0.7765	0.6554	0.5339	0.4202	0.2333	0.1094
6	2	1	1	1	1	1	1	0.9998	0.9997	0.9995	0.9978	0.9842	0.9527	0.9011	0.8306	0.7443	0.5443	0.3438
6	3	1	1	1	1	1	1	1	1	1	0.9999	0.9987	0.9941	0.9830	0.9624	0.9295	0.8208	0.6563
6	4	1	1	1	1	1	1	1	1	1	1	0.9999	0.9996	0.9984	0.9954	0.9891	0.9590	0.8906
6	5	1	1	1	1	1	1	1	1	1	1	1	1	0.9999	0.9998	0.9993	0.9959	0.9844
7	0	0.9930	0.9861	0.9826	0.9792	0.9655	0.9321	0.8681	0.8376	0.8080	0.6983	0.4783	0.3206	0.2097	0.1335	0.0824	0.0280	0.0078
7	1	1	0.9999	0.9998	0.9998	0.9995	0.9980	0.9921	0.9879	0.9829	0.9556	0.8503	0.7166	0.5767	0.4449	0.3294	0.1586	0.0625
7	2	1	1	1	1	1	1	0.9997	0.9995	0.9991	0.9962	0.9743	0.9262	0.8520	0.7564	0.6471	0.4199	0.2266
7	3	1	1	1	1	1	1	1	1	1	0.9998	0.9973	0.9879	0.9667	0.9294	0.8740	0.7102	0.5000
7	4	1	1	1	1	1	1	1	1	1	1	0.9998	0.9988	0.9953	0.9871	0.9712	0.9037	0.7734
7	5	1	1	1	1	1	1	1	1	1	1	1	0.9999	0.9996	0.9987	0.9962	0.9812	0.9375
7	6	1	1	1	1	1	1	1	1	1	1	1	1	1	0.9999	0.9998	0.9984	0.9922
8	0	0.9920	0.9841	0.9802	0.9763	0.9607	0.9227	0.8508	0.8167	0.7837	0.6634	0.4305	0.2725	0.1678	0.1001	0.0576	0.0168	0.0039
8	1	1	0.9999	0.9998	0.9998	0.9993	0.9973	0.9897	0.9842	0.9777	0.9428	0.8131	0.6572	0.5033	0.3671	0.2553	0.1064	0.0352
8	2	1	1	1	1	1	0.9999	0.9996	0.9992	0.9987	0.9942	0.9619	0.8948	0.7969	0.6785	0.5518	0.3154	0.1445
8	3	1	1	1	1	1	1	1	1	0.9999	0.9996	0.9950	0.9786	0.9437	0.8862	0.8059	0.5941	0.3633
8	4	1	1	1	1	1	1	1	1	1	1	0.9996	0.9971	0.9896	0.9727	0.9420	0.8263	0.6367
8	5	1	1	1	1	1	1	1	1	1	1	1	0.9998	0.9988	0.9958	0.9887	0.9502	0.8555
8	6	1	1	1	1	1	1	1	1	1	1	1	1	0.9999	0.9996	0.9987	0.9915	0.9648
8	7	1	1	1	1	1	1	1	1	1	1	1	1	1	1	0.9999	0.9993	0.9961

续表

n	x										p							
		0.001	0.002	0.0025	0.003	0.005	0.01	0.02	0.025	0.03	0.05	0.1	0.15	0.2	0.25	0.3	0.4	0.5
9	0	0.9910	0.9821	0.9777	0.9733	0.9559	0.9135	0.8337	0.7962	0.7602	0.6302	0.3874	0.2316	0.1342	0.0751	0.0404	0.0101	0.0020
9	1	0.9999	0.9999	0.9998	0.9997	0.9991	0.9966	0.9869	0.9800	0.9718	0.9288	0.7748	0.5995	0.4362	0.3003	0.1960	0.0705	0.0195
9	2	1	1	1	1	1	0.9999	0.9994	0.9988	0.9980	0.9916	0.9470	0.8591	0.7382	0.6007	0.4628	0.2318	0.0898
9	3	1	1	1	1	1	1	1	1	0.9999	0.9994	0.9917	0.9661	0.9144	0.8343	0.7297	0.4826	0.2539
9	4	1	1	1	1	1	1	1	1	1	1	0.9991	0.9944	0.9804	0.9511	0.9012	0.7334	0.5000
9	5	1	1	1	1	1	1	1	1	1	1	0.9999	0.9994	0.9969	0.9900	0.9747	0.9006	0.7461
9	6	1	1	1	1	1	1	1	1	1	1	1	1	0.9997	0.9987	0.9957	0.9750	0.9102
9	7	1	1	1	1	1	1	1	1	1	1	1	1	1	0.9999	0.9996	0.9962	0.9805
9	8	1	1	1	1	1	1	1	1	1	1	1	1	1	1	1	0.9997	0.9980
10	0	0.9900	0.9802	0.9753	0.9704	0.9511	0.9044	0.8171	0.7763	0.7374	0.5987	0.3487	0.1969	0.1074	0.0563	0.0282	0.0060	0.0010
10	1	1	0.9998	0.9997	0.9996	0.9989	0.9957	0.9838	0.9754	0.9655	0.9139	0.7361	0.5443	0.3758	0.2440	0.1493	0.0464	0.0107
10	2	1	1	1	1	1	0.9999	0.9991	0.9984	0.9972	0.9885	0.9298	0.8202	0.6778	0.5256	0.3828	0.1673	0.0547
10	3	1	1	1	1	1	1	1	0.9999	0.9999	0.9990	0.9872	0.9500	0.8791	0.7759	0.6496	0.3823	0.1719
10	4	1	1	1	1	1	1	1	1	1	0.9999	0.9984	0.9901	0.9672	0.9219	0.8497	0.6331	0.3770
10	5	1	1	1	1	1	1	1	1	1	1	0.9999	0.9986	0.9936	0.9803	0.9527	0.8338	0.6230
10	6	1	1	1	1	1	1	1	1	1	1	1	0.9999	0.9991	0.9965	0.9894	0.9452	0.8281
10	7	1	1	1	1	1	1	1	1	1	1	1	1	0.9999	0.9996	0.9984	0.9877	0.9453
10	8	1	1	1	1	1	1	1	1	1	1	1	1	1	1	0.9999	0.9983	0.9893
10	9	1	1	1	1	1	1	1	1	1	1	1	1	1	1	1	0.9999	0.9990

续表

n	x	0.001	0.002	0.0025	0.003	0.005	0.01	0.02	0.025	0.03	0.05	0.1	0.15	0.2	0.25	0.3	0.4	0.5
										p								
11	0	0.9891	0.9782	0.9728	0.9675	0.9464	0.8953	0.8007	0.7569	0.7153	0.5688	0.3138	0.1673	0.0859	0.0422	0.0198	0.0036	0.0005
11	1	0.9999	0.9998	0.9997	0.9995	0.9987	0.9948	0.9805	0.9704	0.9587	0.8981	0.6974	0.4922	0.3221	0.1971	0.1130	0.0302	0.0059
11	2	1	1	1	1	1	0.9998	0.9988	0.9978	0.9963	0.9848	0.9104	0.7788	0.6174	0.4552	0.3127	0.1189	0.0327
11	3	1	1	1	1	1	1	1	0.9999	0.9998	0.9984	0.9815	0.9306	0.8389	0.7133	0.5696	0.2963	0.1133
11	4	1	1	1	1	1	1	1	1	1	0.9999	0.9972	0.9841	0.9496	0.8854	0.7897	0.5328	0.2744
11	5	1	1	1	1	1	1	1	1	1	1	0.9997	0.9973	0.9883	0.9657	0.9218	0.7535	0.5000
11	6	1	1	1	1	1	1	1	1	1	1	1	0.9997	0.9980	0.9924	0.9784	0.9006	0.7256
11	7	1	1	1	1	1	1	1	1	1	1	1	1	0.9998	0.9988	0.9957	0.9707	0.8867
11	8	1	1	1	1	1	1	1	1	1	1	1	1	1	0.9999	0.9994	0.9941	0.9673
11	9	1	1	1	1	1	1	1	1	1	1	1	1	1	1	1	0.9993	0.9941
11	10	1	1	1	1	1	1	1	1	1	1	1	1	1	1	1	1	0.9995

附表 3　泊松分布表

$$P(X \leqslant x) = \sum_{k=0}^{x} \frac{\lambda^k \mathrm{e}^{-\lambda}}{k!}$$

x	λ								
	0.1	0.2	0.3	0.4	0.5	0.6	0.7	0.8	0.9
0	0.9048	0.8187	0.7408	0.6730	0.6065	0.5488	0.4966	0.4493	0.4066
1	0.9953	0.9825	0.9631	0.9384	0.9098	0.8781	0.8442	0.8088	0.7725
2	0.9998	0.9989	0.9964	0.9921	0.9856	0.9769	0.9659	0.9526	0.9371
3	1.0000	0.9999	0.9997	0.9992	0.9982	0.9966	0.9942	0.9909	0.9865
4		1.0000	1.0000	0.9999	0.9998	0.9996	0.9992	0.9986	0.9977
5				1.0000	1.0000	1.0000	0.9999	0.9998	0.9997
6							1.0000	1.0000	1.0000

x	λ								
	1.0	1.5	2.0	2.5	3.0	3.5	4.0	4.5	5.0
0	0.3679	0.2231	0.1353	0.0821	0.0498	0.0302	0.0183	0.0111	0.0067
1	0.7358	0.5578	0.4060	0.2873	0.1991	0.1359	0.0916	0.0611	0.0404
2	0.9197	0.8088	0.6767	0.5438	0.4232	0.3208	0.2381	0.1736	0.1247
3	0.9810	0.9344	0.8571	0.7576	0.6572	0.5366	0.4335	0.3423	0.2650
4	0.9963	0.9814	0.9473	0.8912	0.8153	0.7254	0.6288	0.5321	0.4405
5	0.9994	0.9955	0.9834	0.9580	0.9161	0.8576	0.7851	0.7029	0.6160
6	0.9999	0.9991	0.9955	0.9858	0.9665	0.9347	0.8893	0.8311	0.7622
7	1.0000	0.9998	0.9989	0.9958	0.9881	0.9733	0.9489	0.9134	0.8666
8		1.0000	0.9998	0.9989	0.9962	0.9901	0.9786	0.9597	0.9319
9			1.0000	0.9997	0.9989	0.9967	0.9919	0.9829	0.9682
10				0.9999	0.9997	0.9990	0.9972	0.9933	0.9863
11				1.0000	0.9999	0.9997	0.9991	0.9976	0.9945
12					1.0000	0.9999	0.9997	0.9992	0.9980

x	λ								
	5.5	6.0	6.5	7.0	7.5	8.0	8.5	9.0	9.5
0	0.0041	0.0025	0.0015	0.0009	0.0006	0.0003	0.0002	0.0001	0.0001
1	0.0266	0.0174	0.0113	0.0073	0.0047	0.0030	0.0019	0.0012	0.0008
2	0.0884	0.0620	0.0430	0.0296	0.0203	0.0138	0.0093	0.0062	0.0042
3	0.2017	0.1512	0.1118	0.0818	0.0591	0.0424	0.0301	0.0212	0.0149
4	0.3575	0.2851	0.2237	0.1730	0.1321	0.0996	0.0744	0.0550	0.0403
5	0.5298	0.4457	0.3690	0.3007	0.2414	0.1912	0.1496	0.1157	0.0885
6	0.6860	0.6063	0.5265	0.4497	0.3782	0.3134	0.2562	0.2068	0.1649
7	0.8095	0.7440	0.6728	0.5987	0.5246	0.4530	0.3856	0.3239	0.2687
8	0.8944	0.8472	0.7816	0.7291	0.6620	0.5925	0.5231	0.4557	0.3918
9	0.9462	0.9161	0.8774	0.8305	0.7764	0.7166	0.6530	0.5874	0.5218
10	0.9747	0.9574	0.9332	0.9015	0.8622	0.8159	0.7634	0.7060	0.6453
11	0.9890	0.9799	0.9661	0.9466	0.9208	0.8881	0.8487	0.8030	0.7520
12	0.9955	0.9912	0.9840	0.9730	0.9573	0.9362	0.9091	0.8758	0.8364
13	0.9983	0.9964	0.9929	0.9872	0.9784	0.9658	0.9486	0.9261	0.8981
14	0.9994	0.9986	0.9970	0.9943	0.9897	0.9827	0.9726	0.9585	0.9400
15	0.9998	0.9995	0.9988	0.9976	0.9954	0.9918	0.9862	0.9780	0.9665
16	0.9999	0.9998	0.9996	0.9990	0.9980	0.9963	0.9934	0.9889	0.9823
17	1.0000	0.9999	0.9998	0.9996	0.9992	0.9984	0.9970	0.9947	0.9911
18		1.0000	0.9999	0.9999	0.9997	0.9994	0.9987	0.9976	0.9957
19			1.0000	1.0000	0.9999	0.9997	0.9995	0.9989	0.9980
20					1.0000	0.9999	0.9998	0.9998	0.9996	0.9991

x	λ								
	10.0	11.0	12.0	13.0	14.0	15.0	16.0	17.0	18.0
0	0.0000	0.0000	0.0000						
1	0.0005	0.0002	0.0001	0.0000	0.0000				
2	0.0028	0.0012	0.0005	0.0002	0.0001	0.0000	0.0000		
3	0.0103	0.0049	0.0023	0.0010	0.0005	0.0002	0.0001	0.0000	0.0000
4	0.0293	0.0151	0.0076	0.0037	0.0018	0.0009	0.0004	0.0002	0.0001
5	0.0671	0.0375	0.0203	0.0107	0.0055	0.0028	0.0014	0.0007	0.0003
6	0.1301	0.0786	0.0458	0.0259	0.0142	0.0076	0.0040	0.0021	0.0010
7	0.2202	0.1432	0.0895	0.0540	0.0316	0.0180	0.0100	0.0054	0.0029
8	0.3328	0.2320	0.1550	0.0998	0.0621	0.0374	0.0220	0.0126	0.0071
9	0.4579	0.3405	0.2424	0.1658	0.1094	0.0699	0.0433	0.0261	0.0154
10	0.5830	0.4599	0.3472	0.2517	0.1757	0.1185	0.0774	0.0491	0.0304

续表

x	λ								
	10.0	11.0	12.0	13.0	14.0	15.0	16.0	17.0	18.0
11	0.6968	0.5793	0.4616	0.3532	0.2600	0.1848	0.1270	0.0847	0.0549
12	0.7916	0.6887	0.5760	0.4631	0.3585	0.2676	0.1931	0.1350	0.0917
13	0.8645	0.7813	0.6815	0.5730	0.4644	0.3632	0.2745	0.2009	0.1426
14	0.9165	0.8540	0.7720	0.6751	0.5704	0.4657	0.3675	0.2808	0.2081
15	0.9513	0.9074	0.8444	0.7636	0.6694	0.5681	0.4667	0.3715	0.2867
16	0.9730	0.9441	0.8987	0.8355	0.7559	0.6641	0.5660	0.4677	0.3750
17	0.9857	0.9678	0.9370	0.8905	0.8272	0.7489	0.6593	0.5640	0.4686
18	0.9928	0.9823	0.9626	0.9302	0.8826	0.8195	0.7423	0.6550	0.5622
19	0.9965	0.9907	0.9787	0.9573	0.9235	0.8752	0.8122	0.7363	0.6509
20	0.9984	0.9953	0.9884	0.9750	0.9521	0.9170	0.8682	0.8055	0.7307
21	0.9993	0.9977	0.9939	0.9859	0.9712	0.9469	0.9108	0.8615	0.7991
22	0.9997	0.9990	0.9970	0.9924	0.9833	0.9673	0.9418	0.9047	0.8551
23	0.9999	0.9995	0.9985	0.9960	0.9907	0.9805	0.9633	0.9367	0.8989
24	1.0000	0.9998	0.9993	0.9980	0.9950	0.9888	0.9777	0.9594	0.9317
25		0.9999	0.9997	0.9990	0.9974	0.9938	0.9869	0.9748	0.9554
26		1.0000	0.9999	0.9995	0.9987	0.9967	0.9925	0.9848	0.9718
27			0.9999	0.9998	0.9994	0.9983	0.9959	0.9912	0.9827
28			1.0000	0.9999	0.9997	0.9991	0.9978	0.9950	0.9897
29				1.0000	0.9999	0.9996	0.9989	0.9973	0.9941
30					0.9999	0.9998	0.9994	0.9986	0.9967
31					1.0000	0.9999	0.9997	0.9993	0.9982
32						1.0000	0.9999	0.9996	0.9990
33							0.9999	0.9998	0.9995
34							1.0000	0.9999	0.9998
35								1.0000	0.9999
36									0.9999
37									1.0000

习题参考答案

习题 1

1. (1) $U=\{1,2,3,4,5,6\}$, $A=\{2,4,6\}$;

(2) $U=\{1,2,3,\cdots\}$, $A=\{1,2,3,4,5\}$;

(3) $U=\{(x,y)\,|\,T_0\leqslant x\leqslant y\leqslant T_1\}$, $A=\{(x,y)\,|\,y-x=10,T_0\leqslant x<y\leqslant T_1\}$.

2. (1) $\overline{A}$; (2) $AB\overline{C}$; (3) $A\cup B\cup C$; (4) $\overline{A}\cup(B\cup C)$; (5) $\overline{ABC}$; (6) $\overline{AB}\overline{C}$; (7) $AB\overline{C}\cup \overline{A}B\overline{C}\cup\overline{AB}C$.

3. 区别在于是否有 $A\cup B=U$, 举例略.

4. (1) $\varnothing$; (2) AB.

5. 0.2.

6. $\dfrac{3}{8}$.

7. 略.

8. $\dfrac{1}{60}$.

9. $\dfrac{8}{15}$.

10. $\dfrac{99}{392}$.

11. $\dfrac{2}{n-1}$.

12. $\dfrac{C_{10}^4 C_4^3 C_3^2}{C_{17}^9}=\dfrac{252}{2\,431}$.

13. $\dfrac{13}{21}$.

14. $\dfrac{7}{9}$.

15. (1) 0.5; (2) 0.2; (3) 0.8; (4) 0.2; (5) 0.9.

16. (1) $p+q$; (2) 0; (3) $1-q$; (4) p; (5) $1-p-q$.

17. 0.487.

18. (1) $\dfrac{19}{27}$;(2) $\dfrac{7}{27}$;(3) $\dfrac{12}{27}$.

习题 2

1. $\dfrac{2}{3}$,$\dfrac{2}{5}$,$\dfrac{3}{5}$,$\dfrac{2}{3}$.

2. $\dfrac{1}{5}$.

3. $P(A)=P(B)=P(C)=\dfrac{2}{5}$,证明略.

4. 0.999 3.

5. 0.23.

6. $\dfrac{1}{3}$.

7. 0.942 8,0.997 9.

8. (1) 0.4;(2) 0.485.

9. 0.923,0.75.

10. $P(A)=P(B)=\dfrac{1}{2}$.

11. 0.862 9.

12. (1) 0.140 2;(2) 一台不合格的仪器中有一个部件不是优质品的概率最大.

13. $1-[1-(1-p)^2]^3$.

14. $(2+2p-5p^2+2p^3)p^2$.

15. (1) $1-(1-p)^n$;(2) 10 个.

习题 3

1. $C=\dfrac{16}{31}$. (1) $\dfrac{3}{31}$;(2) $\dfrac{12}{31}$;(3) $\dfrac{30}{31}$.

2.

X	3	4	5
P	$\dfrac{1}{10}$	$\dfrac{3}{10}$	$\dfrac{3}{5}$

$$F(x)=\begin{cases}0, & x<3,\\ \dfrac{1}{10}, & 3\leqslant x<4,\\ \dfrac{2}{5}, & 4\leqslant x<5,\\ 1, & x\geqslant 5.\end{cases}$$

	X	−3	1	2
3.	P	$\frac{1}{3}$	$\frac{1}{2}$	$\frac{1}{6}$

	X	0	1	2	3	4	5
4.	P	0.4^5	$5 \cdot 0.4^4 \cdot 0.6$	$10 \cdot 0.4^3 \cdot 0.6^2$	$10 \cdot 0.4^2 \cdot 0.6^3$	$5 \cdot 0.4 \cdot 0.6^4$	0.6^5

5. $P(X=k)=\left(\frac{1}{4}\right)^{k-1} \cdot \frac{3}{4}$ $(k=1,2,\cdots)$.

	X	1	2	3	4	5
6.	P	0.9	0.09	0.009	0.000 9	0.000 1

		X	0	1	2	3	4	5			X	3	4
7.	(1)	P	$\frac{1}{243}$	$\frac{10}{243}$	$\frac{40}{243}$	$\frac{80}{243}$	$\frac{80}{243}$	$\frac{32}{243}$	(2)		P	$\frac{2}{3}$	$\frac{1}{3}$

	X	0	1	2	3
8.	P	0.5	0.25	0.125	0.125

9. (1) 0.321；(2) 0.243.

10. (1) 0.857 5；(2) 0.385 2. 提示：Y 表示被观察的 5 个单位时间内有 Y 个单位时间是"至少有 3 个人候车"，则 $Y \sim B(5,P)$.

11. 0.875 3. 提示：用泊松分布近似描述.

12. (1) $A=1$；(2) $f(x)=\begin{cases} 2x, & 0<x<1, \\ 0, & \text{其他}; \end{cases}$ (3) 0.75.

13. (1) $\frac{5}{4}$；(2) $F(x)=\begin{cases} 0, & x \leqslant 0, \\ \frac{5}{4}\left(x-\frac{x^2}{2}\right), & 0<x<1, \\ \frac{x^2}{8}+\frac{1}{2}, & 1 \leqslant x \leqslant 2, \\ 1, & x>2; \end{cases}$ (3) $\frac{25}{32}$.

14. $\frac{4}{5}$.

15. (1) 0.993 8；(2) 0.069 4；(3) 0.682 6；(4) 0.045 6.

16. (1) $\frac{3}{5}$；(2) $\frac{3}{5}$；(3) $\frac{1}{4}$.

17. (1) 0.022 8；(2) 81.163 5.

18. (1) 0.292；(2) 0.735.

19.

Y	1	2	5	10
P	$\dfrac{1}{5}$	$\dfrac{7}{30}$	$\dfrac{1}{5}$	$\dfrac{11}{30}$

20. (1) $c=\dfrac{1}{9}$；

(2) $f_Y(y)=\begin{cases}\dfrac{1}{27}\left[4-\left(\dfrac{y}{3}\right)^2\right], & -3<y<6,\\ 0, & \text{其他.}\end{cases}$

21. (1) $f_Y(y)=\begin{cases}\dfrac{1}{y\sqrt{2\pi}}e^{-\frac{\ln^2 y}{2}}, & y>0,\\ 0, & \text{其他；}\end{cases}$

(2) $f_Y(y)=\begin{cases}\sqrt{\dfrac{2}{\pi}}e^{-\frac{y^2}{2}}, & y>0,\\ 0, & \text{其他.}\end{cases}$

习题 4

1.

Y \ X	0	1	2	3	$p_{\cdot j}$
1	0	$\dfrac{3}{8}$	$\dfrac{3}{8}$	0	$\dfrac{3}{4}$
3	$\dfrac{1}{8}$	0	0	$\dfrac{1}{8}$	$\dfrac{1}{4}$
$p_{i\cdot}$	$\dfrac{1}{8}$	$\dfrac{3}{8}$	$\dfrac{3}{8}$	$\dfrac{1}{8}$	1

2. $\alpha=\dfrac{1}{8}$，$\beta=\dfrac{1}{4}$.

3.

Y \ X	0	1	2	3	
0	0	$\dfrac{4}{35}$	$\dfrac{12}{35}$	$\dfrac{4}{35}$	
1	$\dfrac{1}{35}$	$\dfrac{8}{35}$	$\dfrac{6}{35}$	0	Z 与 Y 不相互独立.

4. $\dfrac{5}{9}$.

5.

$X+Y$	-2	0	1	3	4
P	$\dfrac{1}{4}$	$\dfrac{1}{10}$	$\dfrac{9}{20}$	$\dfrac{3}{20}$	$\dfrac{1}{20}$

$X-Y$	0	-2	-3	1	3
P	$\dfrac{3}{10}$	$\dfrac{1}{10}$	$\dfrac{3}{10}$	$\dfrac{3}{20}$	$\dfrac{3}{20}$

XY	-2	-1	1	2	4
P	$\dfrac{9}{20}$	$\dfrac{1}{10}$	$\dfrac{1}{4}$	$\dfrac{3}{20}$	$\dfrac{1}{20}$

6. (1) 8；

(2) $\dfrac{2}{3}$，$(1-e^{-2})^2$；

(3) $F(x,y)=\begin{cases}(1-e^{-2x})(1-e^{-4y}), & x>0,y>0,\\ 0, & 其他.\end{cases}$

7. $f_X(x)=\begin{cases}6x(1-x), & 0\leqslant x\leqslant 1,\\ 0, & 其他,\end{cases}$ $\quad f_Y(y)=\begin{cases}6(\sqrt{y}-y), & 0\leqslant y\leqslant 1,\\ 0, & 其他.\end{cases}$

8. (1) $c=6$；(2) 证明略.

9. (1) $f_X(x)=\begin{cases}3x^2, & 0<x<1,\\ 0, & 其他,\end{cases}$ $\quad f_Y(y)=\begin{cases}\dfrac{9-y^2}{18}, & 0<y<3,\\ 0, & 其他；\end{cases}$

(2) $\dfrac{23}{27}$.

10. (1) $P(Y=m\,|\,X=n)=C_n^m p^m (1-p)^{n-m}$；

(2) $P(X=n,Y=m)=P(Y=m\,|\,X=n)P(X=n)$

$\qquad = C_n^m p^m (1-p)^{n-m}\dfrac{\lambda^n}{n!}e^{-\lambda},0\leqslant m\leqslant n,n=0,1,2,\cdots.$

11. (1)

X	51	52	53	54	55
P	0.28	0.28	0.22	0.09	0.13

Y	51	52	53	54	55
P	0.18	0.15	0.35	0.12	0.20

(2)

$Y=j$	51	52	53	54	55
$P(Y=j\,|\,X=51)$	$\dfrac{6}{28}$	$\dfrac{7}{28}$	$\dfrac{5}{28}$	$\dfrac{5}{28}$	$\dfrac{5}{28}$

12. 证明略,泊松分布也具有可加性.

13. (1) $f(x,y)=\begin{cases}\dfrac{1}{2}e^{-\frac{y}{2}}, & 0<x<1,y>0,\\ 0, & 其他；\end{cases}$

(2) $P(X^2 \geqslant Y) = 0.144\ 5$.

14. $\dfrac{l - 0.25}{l^2}$.

15. $f_Z(z) = \begin{cases} \dfrac{1}{2} - \dfrac{z}{8}, & 0 < z \leqslant 4, \\ 0, & \text{其他}. \end{cases}$

16. (1) $\dfrac{\pi}{4}$；(2) $f_Z(z) = \begin{cases} z, & 0 < z < 1, \\ 2 - z, & 1 < z < 2, \\ 0, & \text{其他}; \end{cases}$ (3) $\dfrac{7}{8}$.

17. $f_Z(z) = \begin{cases} 1 - e^{-z}, & 0 < z < 1, \\ (e-1)e^{-z}, & z \geqslant 1, \\ 0, & \text{其他}. \end{cases}$

18. (1) 不独立；

(2) $f_Z(z) = \begin{cases} z^2, & 0 < z < 1, \\ 2z - z^2, & 1 \leqslant z < 2, \\ 0, & \text{其他}. \end{cases}$

习题 5

1. $E(X) = 7.47$ 个.

2. $E(X) = 262$(天).

3. $E(X) = 1$.

4. $\dfrac{\pi}{12}(a^2 + ab + b^2)$.

5. (1) $E(Y) = 2.8, D(Y) = 1.96$；

   (2) $E(Z) = 4.1, D(Z) = 7.69$.

6. $E(Y) = \dfrac{3}{4}, D(Y) = \dfrac{11}{48}$.

7. (1) $a = \dfrac{1}{4}, b = 1, c = -\dfrac{1}{4}$；

   (2) $E(Y) = \dfrac{1}{4}(e^2 - 1)^2, D(Y) = \dfrac{1}{4}e^2(e^2 - 1)^2$.

8. 8.8(元).

9. $E(X) = 0.6, D(X) = 0.46$.

10. $a = 12, b = -12, c = 3$.

11. $\dfrac{400}{3}$.

12. (1) $E(X)=0, E(Y)=0, D(X)=\dfrac{6}{8}, D(Y)=\dfrac{6}{8}$;

    (2) $\text{Cov}(X,Y)=0, \rho_{XY}=0$;

    (3) 不相关,不相互独立.

13. $\rho_{XZ}=0$.

14. (1) $f_X(x)=\begin{cases}2x, & 0\leqslant x\leqslant 1, \\ 0, & \text{其他},\end{cases}$ $f_Y(y)=\begin{cases}1-|y|, & -1\leqslant y\leqslant 1, \\ 0, & \text{其他};\end{cases}$

    (2) $E(X)=\dfrac{2}{3}, E(Y)=0, D(X)=\dfrac{1}{18}, D(Y)=\dfrac{1}{6}$;

    (3) $\text{Cov}(X,Y)=0$.

15. $\dfrac{39}{40}$.

16. $\sum\limits_{k=6\,801}^{7\,199} C_{10000}^{k} 0.7^k 0.3^{10\,000-k}$.

17. 0.078 6.

参 考 文 献

[1] 盛骤,谢式千,潘承毅.概率论与数理统计[M].4 版.北京:高等教育出版社,2008.

[2] 韩旭里.大学数学教程:第四册.概率论与数理统计[M].北京:科学出版社,2004.

[3] 张帼奋,张奕.概率论与数理统计[M].北京:高等教育出版社,2017.

[4] 孙淑娥,刘蓉.新编概率论与数理统计[M].西安:西安电子科技大学出版社,2015.

[5] 魏宗舒等.概率论与数理统计教程[M].北京:高等教育出版社,1983.